KB125152

동네에 답이 있다

동네에 답이 있다

중간주택 활성화를 위한 제안

©박기범, 2022

초판 1쇄 펴낸날 2022년 2월 10일
지은이 박기범
펴낸이 이상희
펴낸곳 도서출판 집
디자인 조하늘

출판등록 2013년 5월 7일
주소 서울 종로구 사직로8길 15-2 4층
전화 02-6052-7013
팩스 02-6499-3049
이메일 zippub@naver.com

ISBN 979-11-88679-14-0 03530

• 이 책에 실린 글과 사진의 무단 젠제 및 복제를 금합니다.
• 잘못 만들어진 책은 바꿔드립니다.
• 책값은 뒤표지에 쓰어 있습니다.

동네에 답이 있다

중간주택 활성화를 위한 제안

박기범

집

〰〰

국가는 주택개발정책 등을 통하여
모든 국민이 쾌적한 주거생활을 할 수 있도록
노력하여야 한다.

대한민국헌법 제35조 제3항

차례

(새로운 중간주택을 위한 준비)

책을 내며

"차라리 돈 되는 아파트를 연구하는 게 어때?"

"다들 아파트를 원하는데 왜 굳이 사람들이 벗어나고 싶어 하는 다세대·다가구주택을 연구한다는 거야."

아파트가 아닌 다세대·다가구주택을 연구하겠다는 이야기를 했을 때 지인들은 의아해했다. 당시 나는 일종의 '사명감' 같은 게 있었다. 우리 사회가 '아파트 광풍'이라는 소용돌이에 빠져 있는 상황이 문제가 아니었다. 산업이 농업에서 공업으로 바뀌면 도시도 변화하게 되는데 탈공업과 새로운 경제 환경이라는 시대적 변화에 도시와 건축이 어떻게 바뀌어야할지 이정표가 없는 게 문제라고 생각했다. 우리의 도시와 건축은 어떤 길을 가야 할까? 새로운 시대정신을 찾아야 한다고 생각했다.

우리에겐 '아파트 공화국'이라는 딱지가 붙어 있다. 프랑스 지리학자 발레리 줄레조Valérie Gelézeau가 우리 도시를 관찰하고 붙인 별칭인데

이보다 더 우리 도시건축의 상황을 잘 표현한 단어를 찾지 못했다. 긍정보다는 비판적 시선이 담긴 '아파트 공화국'이라는 별칭 덕분에 우리 사회는 아파트 일변도의 경로 의존성에 의문을 품기 시작했다. 나 역시 우리 도시에 필요한 처방전을 찾아야 한다고 생각했다. 아파트를 벗어나서 우리 도시주택의 절반을 차지하고 있는 다세대·다가구주택과 이런 집이 밀집되어 있는 동네에서 해법을 찾을 수 있을 것이라고 생각했다.

막상 동네를 바라보니 막연했다. 아니 절망감이 컸다. '이런 곳에서 해법을 찾아낼 수 있을까?' 줄지어 있는 3~5층 규모의 붉은 벽돌집, 각자의 필요에 따라 샌드위치 패널을 덧붙여 증축한 기형적인 외관, 여기저기 덧붙인 렉산 가림막, 한 사람이 간신히 지날 만한 공간만 남겨둔 채 빽빽하게 주차된 차로 가로막힌 골목….

'많은 사람이 아파트 단지를 선호하는 이유가 있구나.'

마음을 다잡고 골목 안으로 조금 더 깊게 들어가 본다. 겉보기에는 어수선하고 답답해보였는데 꼭 그렇지만은 않은 것도 같다. 주차된 차로 막힌 골목은 동네 사람들의 생활의 흔적을 고스란히 담고 있었다. 잠깐 앉아 쉴 만한 공간이 있고 곳곳에 놓여 있는 화분은 울긋불긋 꽃을 피우고 크고 작은 항아리 여러 개가 놓여 있는 장독대도 보였다. 그저 오래 전부터 유지되어 오고 있는 평범한 우리 삶의 모습이었다. 그럼에도 많은 사람이 저 골목의 집을 밀어버리고 고층아파트 단지를 짓고 싶어한다.

동네건축에 관심 가지기 시작한 것은 학부 졸업설계를 할 때부터였다. 그저 동네건축을 바꾸어보자는 호기에서 출발했다. 당시 나는 동네에 대한 철저한 연구가 없기에 제대로 된 동네건축도 없다고 생각했다. 졸업설계만으로 부족했는지 동네건축은 석·박사 학위 논문의 주제로 확장되었다. 건축의 가장자리에 있는 동네건축을 연구하는 것은 외로운 싸움이었다. 동료 연구자가 많지 않았고 선행 연구도 그리 많지 않았다. 동기 대부분은 건축이론, 건축역사, 건축비평을 전공했다. 주로 유명 건축가와 그들의 설계 작품을 분석했다. 건축을 연구한다고 하면 누구나 먼저 떠올리는 주제이기도 하다. 나는 무모하게 동네건축과 인연을 맺었다.

때로는 거주자로서, 때로는 연구자로서, 때로는 정책을 수립하는 공무원으로서, 때로는 방관자로서 다가구주택과 다세대주택을 포함해 동네건축과 함께 했다. 솔직히 공무원 생활을 하면서 동네건축에 대한 관심은 멀어졌다. 학회 논문집에 매년 한 편의 논문을 발표하기도 했지만 학교나 연구소에 있을 때만큼 동네건축에 관심을 가질 시간적, 정신적 여유가 없었다.

대통령 소속 국가건축정책위원회에 근무하게 되면서 다시 동네건축에 관심을 가지게 되었다. 제5기(2018~2020년)와 제6기(2020~2022년) 위원회는 동네건축 혁신을 위한 정책 마련을 위해 전력을 다했다. 정책 마련에 도움이 될 만한 내용은 무엇이 있는지 그 동안 발표했던 논문을 다시 검토하고 모았던 자료와 새로운 자료를 찾아 살피기 시작했다. 이왕 다시 연구를 시작했으니 정책 마련 현장 경험까지 곁들여 책을 내야 겠다고 생각했다.

책을 통해 동네건축 예찬이 아니라 동네건축이 살아남을 수 있는 길을 찾고자 했다. 박사논문 쓸 당시 마음으로 돌아가 동네를 살리는 방안으로서 중소규모 건축물 이야기를 담으려고 했다. 현재 동네 현실을 바라보고 새로운 이론을 살펴보고 동네를 살리고자 시도한 사례를 살핀 후 이를 토대로 새로운 제안을 하는 것을 목표로 했다.

이 책은 공간을 만드는 데 목적을 두고 있지 않다. 장소를 만들고 그 안에서 삶을 향상시키는 방안을 찾는 것에 방점을 두고 있다. 동네가 주는 교훈을 통해 동네에 거주하는 사람들의 삶을 풍요롭게 하는 방법을 찾는 장을 마련하는 데 집중하기로 했다.

책 쓰기는 아슬아슬한 일탈이었다. 현직 공무원으로 있으면서 정책과 연관된 분야의 책을 낸다는 것이 조심스럽다. 자칫 책에서 제안한 내용이 현 정부의 정책을 대변하거나 비판하는 것처럼 보이지 않을까 우려도 있다. 기우이겠지만 이 책의 내용은 현 정부의 주거정책과 직접 관련이 없다. 그저 동네건축에 관심 두고 오랜 시간 연구한 한 연구자의 의견일 뿐이다.

호기롭게 시작했지만 백일장에서 입선도 한 적 없고 글 읽기도 게을리한 탓에 진솔한 이야기를 글로 제대로 전달하는 것이 쉽지 않았다. 동네의 변화를 바라는 간절함으로 시작한 책 쓰기라는 약속은 이행했다. 그리고 책을 쓰는 동안 세상이 어떻게 바뀌고 있고 내가 무엇을 해야 하는지 생각하게 하는 좋은 기회가 되었다. 하지만 책으로 인해 얕은 지식의 소유자라는 것이 세상에 알려지게 되었다는 사실에 다시금 얼굴이 화끈거린다.

이런 무모한 도전이 활자화되기까지 많은 분의 도움이 있었다. 너무나 많은 분의 도움을 받았기에 모두 열거하면 책 한 권이 될 것 같아 출판되면 책으로 찾아뵙겠다는 다짐으로 남겨 둔다. 그래도 지면으로 꼭 감사드려야 할 몇 분은 언급하지 않을 수 없다.

서울시립대학교 김성홍 교수님이 없었다면 험한 숲길을 걸을 엄두도 못 냈을 것이다. 글과 글쓰기 태도에 대한 조언뿐만 아니라 이 책의 소중함을 지속적으로 일깨워 주셨다. 서울대학교 환경대학원 조경진 교수님 덕분에 중간주택을 바라보는 지평을 넓힐 수 있었다. 많은 분이 인터뷰에 응해주셨고 흔쾌히 자료 협조를 해주셨다. JOH&Company(박상준), 정림건축문화재단(박성태), 리베토코리아, 건축사사무소 인터커드(윤승현), 경간도시디자인건축사사무소(유석연), LH, 한국문화예술위원회, 디자인그룹오즈건축사사무소, 지온건축사사무소, 하마건축사사무소, 시아플랜, 서울소셜스탠다드, 중흥건설, 가라지가게, 아이부키, 김용관 사진가, 김재윤 사진가, 박영채 사진가, 황규백 사진가, 김영욱 교수, 김지만, 신운경, 권순구, 정다은 등 흔쾌히 사진과 이미지 사용을 허락해 주셨기에 책을 완성할 수 있었다.

전문가를 위한 책은 서점에서 인기가 없다는 이야기를 많이 들었다. 독자층이 얇은 중간주택이라는 특정 주제로 책을 내겠다는 무모한 도전을 받아 준 도서출판 집의 이상희 대표에게 진심으로 감사드린다. 주관적인 사고에서 탈출할 수 있도록 지속적으로 이끌어 주었을 뿐만 아니라 어설픈 원고에 생명을 불어넣어 주었다. 보태지도 줄이지도 않고 있는 그대로 전달하라는 메시지가 지금도 머릿속을 맴돈다.

마지막으로 주말마다 책을 쓰겠다고 노트북을 품고 사는 남편을 묵묵히 지켜봐준 아내와 지친 아빠의 비타민이 되어준 사랑하는 두 딸 경민과 소민에게 이 책을 바친다.

2021년 12월
박 기 범

'빌라'가 아니라
'중간주택'이다

중간주택의 등장

한지붕 세가족

2015년 tvN에서 방영한 인기 드라마 〈응답하라 1988〉은 우리를 1988년의 쌍문동으로 데려다주었다. 40~50대에게는 추억을 되새겨 주었고, 20~30대에게는 레트로 열풍을 일으켰다. 드라마는 불란서주택, 장독대, 골목풍경 등 1980년대 동네 모습을 잘 묘사했다. 나는 정환이와 덕선이가 사는 집에 눈길이 갔다. 1층에는 집주인인 정환이 가족이, 반 층 내려간 소위 말하는 '반지하'에는 덕선이 가족이 세 들어 살았다. 한 지붕 아래 두 가족이 지낸다.

단독주택에 여러 가구가 사는 것을 보여주는 드라마는 꽤 많았다. 1986년부터 무려 8년 동안 일요일 아침 우리를 텔레비전 앞에 앉혀 놓았던 〈한지붕 세가족〉. 제목에서 암시하는 것처럼 한 채의 집에 세 가족이 살았다. 1층에는 주인이 살고, 2층에는 신혼부부가, 문간방에는 순돌이네 가족이 세 들어 살았다. 한 지붕 아래 세 가족이 살면서 생긴 소소한 일상이 많은 시청자를 사로잡았다.

왜 많은 드라마 가운데 〈응답하라 1988〉과 〈한지붕 세가족〉으로 이야기를 시작했는지 눈치 채셨는가. 두 드라마 모두 서울올림픽을 전후한 1980년대 후반 서울의 이야기라는 점? 맞다. 하지만 나는 또 다른 것에 주목했다. 한 지붕 아래 두 가족, 세 가족이 사는 주거 형태. 지금부터 이 이야기를 하려고 한다. 어떻게 단독주택을 여러 가구가 쪼개서 살게 되었는지 말이다.

당시 서울의 상황을 보면 이해할 수 있다. 급격한 산업화와 도시화로 인해 서울시 인구는 1970년 550만 명에서 서울올림픽이 열리던 1988년에는 1,028만 명으로 두 배나 증가했다. 서울인구 1,000만 시대가 시작된 것이다. 수치로 계산해보면 연간 26만 명이 서울로 몰려들었다. 당시 가구당 평균 인구수(약 3.8명)로 나누어보면 매년 약 7만 채의 신규 주택이 필요했다.

인구 급증에 따른 주택시장의 긴박한 상황은 주택보급률(주택 수 / 일반가구 수×100) 지표에 고스란히 담겨 있다. 국가통계포털(KOSIS)에서 서울특별시의 인구수, 가구수, 주택보급률을 살펴보자. 1980년 인구는 835.1만에서 10년 만에 1,060.3만 명으로 급증했다. 주택 수급과 직결되는 가구수는 같은 기간 동안 183.7만에서 281.5만으로 늘어났다. 그런데 주택보급률은 56.1%에서 56.8%로 겨우 0.7% 증가하는데 그쳤다. 이러한 위기 상황에 당면한 정부의 가장 시급한 정책은 주택공급이라는 것을 누구나 예상할 수 있다.

주택보급률과 함께 살펴봐야 할 것이 공급되는 주택의 종류이다. 당시 주택시장에 공급된 대표적인 주거유형은 단독주택과 아파트이다. 30~100평 대지에 한 가구만 사는 단독주택으로는 급증하는 주택 수요를 충당하기 어렵다. 그렇다면 밀도를 높일 수 있는 아파트는 충분히 공급되었을까?

인구수

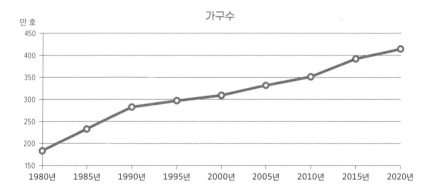

가구수

주택보급률

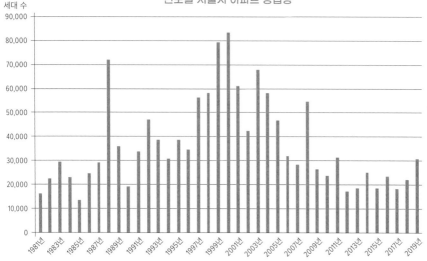

연도별 서울시 아파트 공급량

세대 수

서울시립대학교 박철수 교수는 《아파트》(마티, 2013)에서 아파트 공급량이 단독주택을 앞서기 시작한 시점은 1981년이며, 1980년대 말에서 1990년대 초를 거치며 아파트가 보편적 주거로 자리 잡았다고 했다. 하지만 아파트 공급량이 주택 수요를 따라잡기에는 역부족이었다. 1980년대의 공급량은 연평균 28,000세대에 불과했다. 이러한 현상은 아파트 가격에서도 확인할 수 있다. 한국부동산원에서 발표한 1986년부터 아파트 매매가격지수(평균적인 매매가격 변화를 측정하는 지표)를 살펴보면 가격은 지속적으로 높아졌다. 임서환 박사의 《주택정책 반세기》(기문당, 2005)에 따르면 1988년 대비 1990년 서울시 아파트 가격은 2.6배 상승했다.

주택보급률 50% 중반, 수요를 따라가지 못하는 공급, 나날이 치솟는 주택 가격 등 열악한 상황에서 도시에 몰려든 대부분의 사람은 어디에서 살았을까? 그들이 선택한 주택은 단독주택도 아파트도 아니었다. 덕선이네나 순돌이네처럼 단독주택을 나누어 쓰는 '한지붕 세가족' 형태의 주거였다. 아파트에 비해 임대료가 낮고 별도의 관리비도 들지 않았다.

강남을 비롯한 몇몇 지역에 신도시를 조성하고 신규 주택을 공급하는 정책만으로는 시장의 수요를 감당하기 어려웠다. 사람들은 단독주택의 공간을 나누어 쓰는 민간요법을 통해 주택부족 문제에 대응했다. 도심에, 신속하게, 저렴하게, 대량으로 임대주택을 공급하는 일등공신이 바로 한지붕 세가족이었다. 한지붕 세가족은 비록 형태와 규모는 단독주택이지만 그 안에 담기는 주거방식은 공동주택이라는 점에서 단독주택과 공동주택 사이에서 새로운 영역이 구축되는 출발점이 되었다.

'한지붕 세가족'은 드라마 제목이지만, 어느새 단독주택에 여러 가구가 사는 주거방식을 표현하는 보통명사가 되었다. 한지붕 세가족의 DNA는 다세대주택과 다가구주택이라는 새로운 주거유형으로 발전하게 된다. 1990년대 접어들면서 동네 단독주택이 사라지고 그 자리에는 다세대주택과 다가구주택이 본격적으로 자리 잡기 시작했다.

한지붕 세가족으로 글을 시작하는 이유가 있다. 한지붕 세가족의 DNA는 다세대주택과 다가구주택으로 이어져 약 반세기 넘게 우리 도시 주거를 담당하는 한 축으로 자리매김해왔기 때문이다. 그 DNA의 핵심 정보는 공간 이용의 효율성 극대화를 통한 주택의 양적 공급 확대다.

그런데 소득과 교육 수준이 높아지고 경제 환경이 바뀌면서 사람들의 눈높이도 높아졌다. 기존의 DNA로는 사람들의 요구를 충족시킬 수 없는 시대가 되었다. 시대적 요구를 담아 낼 수 있는 새로운 DNA를 찾아야 한다.

과연 새로운 DNA의 핵심 정보는 무엇이어야 하는가. 이 질문에 대한 답을 찾고 그 DNA의 확산 방안을 마련하는 것이 이 책의 가장 큰 목적이다. 새로운 DNA를 찾는 일의 시작은 바로 한지붕 세가족의 DNA를 철저하게 분석하는 것에서 출발한다. 이것과 병행해야 하는 일은 새로운 시대적 요구를 파악하는 것이다. 과거를 분석하고 그 위에 새로운 요구를 얹을 때 지속가능한 새로운 DNA를 찾아낼 수 있다. 지금부터 그 DNA를 찾는 여정을 떠나보자.

근대의 자화상: 빌라

동네 주택가를 지나면서 '○○빌라'라는 이름표를 붙인 집을 본 적이 있을 것이다. 4~5층 규모의 단일 건물이지만 어떤 경우에는 비슷한 규모의 주택이 여러 채 나열되어 있기도 하다. 대체 어떤 집을 '빌라'라고 부르는 것일까?

사전에는 어떻게 정의되어 있는지 찾아보자. 국립국어원 표준국어대사전에는 "1. 별장식 주택, 2. 교외의 별장, 3. 다세대주택이나 연립주택을 이르는 말"이라고 나온다. 영영사전에는 "fairly large house, especially one that is used for holidays in Mediterranean countries(대저택, 특히 지중해 연안 나라에서는 휴양지 주택으로 사용된다)"라고 풀이되어 있다. 부동산 용어사전에는 "고급 연립주택뿐만 아니라 연립주택이나 다세대주택을 고급스럽게 표현하기 위한 용어"라고 나온다.

영영사전의 빌라는 우리가 사용하는 빌라와 전혀 다른 의미이며, 국어사전의 정의에는 영영사전의 의미와 우리가 사용하는 의미가 혼재되어 있다. 부동산 용어사전은 국어사전과 달리 고급 연립주택을 포함하고 있다. 정의가 조금씩 다르니 사전을 통해서 빌라의 범주를 가늠하

어떤 집을 빌라라고 부르는 것일까 ⓒ박기범

기 어렵다.

관련된 법은 있을까? 아쉽게도 '빌라'의 정의는 법전 어디에도 나오지 않는다. 법규에서 정한 명확한 범주가 없다. 그렇다면 대체 빌라는 뭐란 말인가? 집을 구할 때 자주 이용하는 대표적인 온라인 부동산 사이트를 살펴보자.

네이버 부동산은 아파트·오피스텔, 빌라·주택, 원룸·투룸, 상가·업무·공장·토지로 대분류하고 있다. 빌라·주택의 범주에는 빌라·연립, 단독·다가구, 전원주택, 상가주택(점포주택, 근생주택 등으로도 불린다), 한옥이 포함되어 있다. 빌라·주택에 등록된 매물을 살펴보면, 매매가격 1억 미만에서 20억 이상까지 다양하다. 5층 이상의 나홀로 아파트나 도시형 생활주택도 포함되어 있다. 빌라라는 용어가 어떠한 기준으로 어떻게 사용되고 있는지 구분하기 어렵다.

부동산 앱 '직방'은 아파트, 빌라/투룸+, 원룸, 오피스텔/도시형생활주택, 창업/사무실로 대분류하고 있다. 빌라/투룸+에 등록된 매물을 검색해보면 방의 개수(원룸, 투룸, 쓰리룸+)가 표기된다. 건축물의 층수는 앞서 네이버 부동산과 마찬가지로 5층 이상도 있어 '나홀로' 아파트가 포함되어 있다. 직방의 경우 도시형생활주택은 오피스텔과 함께 별도로 분류하고 있다. 네이버 부동산과 마찬가지로 빌라에 대한 명확한 기준이 없다.

부동산 시장에서도 빌라에 대한 구분이 모호하긴 마찬가지다. 대개 집을 거래할 때 건축물 대장에 적힌 법적인 용도를 확인하지 않고 빌라라는 이름을 보고 거래하고 있다. 부동산 포털 등에서도 다가구주택이나 다세대주택 등 법적인 건축물의 용도에 대한 정보가 없다는 점이 이를 입증한다. 용도와 상관없이 오직 방의 개수만 보고 거래하기 때문에 원룸, 투룸이라는 용어로 거래가 이루어지고 있다.

박철수 교수는 《아파트》에서 아파트가 각광을 받기 시작한 1980
년대 이후 민간 건설업체들이 기존의 연립주택과는 다른 대형 평형의
고급 연립주택을 공급하면서 '빌라'라는 이름을 붙였다고 했다. 아파트
의 편리성과 쾌적성을 누리면서 동시에 단독주택의 이점도 가진 주택
에 대한 고소득층의 기호에 대응하기 위한 틈새시장 전략이라는 것이
다. 시간이 지나면서 중소 건설사들도 연립주택이나 다세대주택을 공
급하면서 '빌라'라는 이름을 붙여 고급화 이미지를 내세웠다.

우리는 단독주택이나 아파트 단지를 제외한 나머지 도시주택을 통
칭해 빌라라고 부른다. 현재 주택시장에서 통용되는 빌라라는 단어는
도입 초기에 사업자가 추구하고자 했던 고급 주택이라는 의미를 담지
못한다. 그래서 사업자들은 빌라 앞에 '고급'이라는 수식어를 추가하거
나 아예 빌라라는 단어를 사용하지 않는다.

'빌라'가 아니라 '중간주택'

마케팅 전략으로 선택된 '빌라'나 '원룸'과 같은 용어가 불명확하니 이참
에 제대로 된 이름을 지어보자. 작명에 앞서 몇 가지 유념할 사항이 있
다. 우선 시간이 지나면 금방 구식이 되어버리는 유행하는 단어를 사용
하지 말자. 다음으로 시대정신을 담아낼 수 있는 확장성을 갖춰야 한다.
마지막으로 우리의 바람을 담은 이름이어야 한다. 이러한 원칙에 입각
해 '중간주택Middle Housing'이라는 명칭을 제안한다.

'중간주택'이라는 단어는 다니엘 패로렉Daniel Parolek의 《Missing
Middle Housing》(Islandpress, 2020)의 제목에 등장한다. 미국에서 중간
주택은 단독주택Detached single family houses과 중층주택Mid-rise 사이에 있는

여러 종류의 주택*을 통칭한다. 중간주택의 '중간'에 담긴 의미는 주택의 크기뿐만 아니라 가격 면에서도 중간을 의미한다.

국내에서도 '중간건축'이라는 용어가 이미 사용되고 있다. 서울시립대학교 김성홍 교수는 《길모퉁이 건축: 건설한국을 넘어서는 희망의 중간건축》(현암사, 2011)의 부제에서 중간건축이라는 용어를 제안했다. 동네에 지어지는 다가구주택과 다세대주택 등 중소규모의 건축물을 중간건축이라고 했다.

내가 중간건축이 아니라 중간주택이라는 명칭을 사용한 이유는 중간건축의 대부분은 다가구주택이나 다세대주택 등과 같은 주택이기 때문이다. 국가의 정책 역시 대부분 중간건축보다는 중간주택에 집중되어 있다. 대상을 보다 명확하게 하여 혼선을 방지하겠다는 의도로 중간주택이라는 용어를 사용하고자 한다. 중간주택은 건축법 시행령에 분류된 용도 가운데 다중주택, 다가구주택, 다세대주택, 연립주택, 아파트(단지는 제외)를 통칭한다. 중간주택은 5층 내외, 약 200평 정도 규모이다. 그 중에서 가장 많은 비중을 차지하는 보편적인 유형은 다가구주택과 다세대주택이다.

중간주택은 생성과 발전 단계 등에 따라서 버전을 구분할 수 있다. 한지붕 세가족처럼 단독주택을 불법으로 나누어 쓰는 중간주택은 '중간주택 1.0'이다. 중간주택 1.0은 1~2층의 단독주택을 여러 가구가 나누어 생활하는 집이며, 형태나 규모 면에서 단독주택에 가깝다. 1980년대까지 동네의 대표적인 중간건축이었다.

단독필지에 제대로 된 공동주택으로 지어진 다세대주택과 다가구

---

* Duplex, Triplex, Fourplex, Courtyard apartment, Bungalow court, Townhouse, Multiplex, Live/Work

	단독주택	다세대주택	다세대주택	다세대주택	다가구주택	다가구주택	아파트

	중간주택 1.0	중간주택 2.0					중간주택 3.0
용도	단독주택	다세대주택			다가구주택		아파트
시기	~1990	1985~ 1990	1990~ 2000	2000~	1990~ 2000	2000~	2012~
대지		200㎡ 내외 단독필지					1만㎡ 이하 블록
층수	2층+ (지하)	2층+ 반지하	4층+ 반지하	4개층+ 필로티+ 다락	3층+ 반지하+ 옥탑방	3개층+ 필로티+ 다락	7층+지하
용적률 (지하 포함)	100% (150%)	100% (150%)	240% (300%)	200% (200%)	180% (240%)	180% (180%)	200%(260%)
건폐율	50%	50%	60% 이하				약 40%
주차장	옥외	옥외	옥외	필로티	옥외	필로티	지하

시대별로 동네에서 가장 많이 지어진 주거유형

주택은 '중간주택 2.0'이다. 반지하, 옥탑방, 필로티 주차장 등은 중간주택 2.0을 상징하는 대표 공간이다. 붉은 벽돌, 새시, 녹색 방수 페인트와 같은 재료 역시 중간주택 2.0에서 떠올릴 수 있는 요소이다. 중간주택 2.0은 1990년부터 지금까지 동네의 변화를 이끌고 있는 주역이다. 현재 우리 주변에서 흔히 볼 수 있는 유형이다.

단독필지에 지어진 중간주택 1.0이나 2.0과 달리 여러 필지가 합쳐진 후 지어진 집은 '중간주택 3.0'으로 분류한다. 중간주택 3.0은 대지의 규모 면에서 단독필지와 아파트 단지의 중간에 해당한다. 소규모 단지의 요건을 갖추고 있어 규모 면에서 제대로 된 중간주택에 해당한다. 중간주택 3.0은 단독주택에서 완전히 멀어진 소규모 단지에 가깝다. 중간

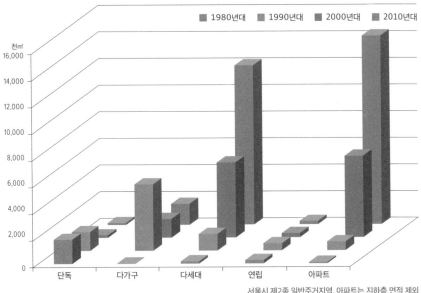

시기별로 유행한 중간주택의 유형별 공급량(연면적) 비교

■ 1980년대 ■ 1990년대 ■ 2000년대 ■ 2010년대

천㎡
16,000
14,000
12,000
10,000
8,000
6,000
4,000
2,000
0

단독   다가구   다세대   연립   아파트

서울시 제2종 일반주거지역, 아파트는 지하층 면적 제외

주택 3.0은 2020년 이후 본격적으로 시도되고 있다. 하지만 양적으로는 동네의 주도세력이 될 만큼 많지는 않다.

중간주택은 시기별로 유행을 타고 있다. 1980년대는 한지붕 세가족 유형인 단독주택, 1990년대는 다가구주택, 2000년 이후에는 다세대주택이 대세를 이루고 있다. 2010년대부터 노후 연립주택은 정비사업에 의해 철거되고 7층 규모의 아파트로 바뀌고 있다.

중간주택은 건축계는 물론 대중의 주목을 받을 만큼 건축적 가치가 풍부하지는 않지만 지난 반세기 우리의 도시 상황을 적나라하게 담고 있는 유물임은 분명하다. 중간주택에 사용된 붉은 벽돌, 새시, 시멘트 기와, 아스팔트 싱글 등의 재료는 지어질 당시의 도시화와 산업화의 수준을 고스란히 보여준다. 반지하와 옥탑방은 당시 급박했던 도시주거 부족의 단면이다. 외벽에 다닥다닥 붙어있는 도시가스 계량기는 중간주택의 밀도를, 옥상 물탱크는 당시 급수 상황을 대변한다. 누가 뭐래도 중간주택은 근대라는 시대정신을 담고 있는 우리 사회의 자화상임은 분명하다.

하지만 대부분의 중간주택은 소형 민간 임대주택의 양적 공급 확대 등 여러 순기능에도 불구하고 건축가뿐만 아니라 사람들에게 환영받지 못하고 있다. 왜 그럴까? 결론부터 이야기하면 지금까지 중간주택은 '모방'이나 '개발'이라는 단어에 집중한 나머지 사람들이 느슨함을 즐길 수 있는 장소를 제공하는데 게을리 했기 때문이다. 그렇다면 중간주택에 대한 냉철한 평가와 반성을 통해 새로운 해법을 찾아야 한다. 새로운 시대를 위한 DNA를 중간주택에 담아야 한다.

잃어버린 들마루

〈응답하라 1988〉에서 눈여겨 본 또 하나가 있다. 골목에 놓여 있던 들마루. 정환이 엄마, 덕선이 엄마, 선우 엄마는 '들마루'에 둘러앉아 식재료를 다듬거나 챙겨온 음식을 나눠먹으며 수다를 떨고 때로는 누워서 쉬기도 했다. '들마루'는 동네 사랑방이었다.

들마루와 같은 역할을 하는 것이 미국 주택에도 있다. 바로 포치Porch이다. 《동네 한 바퀴 생활 인문학》(스카이크 칼슨 지음, 한은경 옮김, 21세기 북스, 2021)에서는 1930년대 이후 미국에서 사라진 포치가 부활하고 있다고 했다. 포치는 지붕으로 덮은 현관 앞에 설치된 공간이다. 포치에서 사람들은 쉬기도 하고, 동네 사람과 담소를 나누기도 한다. 일종의 친교의 장으로 동네 주민들의 공동체 형성에 이바지했다. 그런데 약

주차공간이 되어버린
골목 ©박기범

90여 년 전에 사라진 포치를 밀레니얼 세대가 '힙'하게 여기고 있다고
한다. 포치에서 이루어지는 커뮤니티를 동경하고 있다는 증거라는 것
이다. 커뮤니티 회복이 우리만의 문제는 아니었던 것이다.

　30년이 지난 지금 쌍문동의 그 골목은 어떻게 바뀌었을까? 단독주
택은 다가구주택이나 다세대주택으로 바뀌었고, 골목은 자동차 통행이

나 주차를 위한 공간으로 바뀌었고, 골목에 놓여있던 들마루는 사라졌다. 들마루가 사라지면서 동네 커뮤니티도 사라졌다. 정부는 주택 공급 확대에 치중하다보니 들마루를 대신할 커뮤니티 공간에 대한 정책을 마련할 여력이 없었다.

정부는 주민들이 함께 이용할 수 있는 주민공동시설 설치 대상에서 다가구주택이나 다세대주택은 제외시켰다. 사실 관련 기준을 마련하더라도 조그마한 땅에 주민공동시설을 설치할 공간도 마땅치 않다. 제도와 여건이 이러하다보니 다가구주택이나 다세대주택을 짓는 집주인이나 집장수들은 주민공동시설을 지을 생각조차 하지 않았다. 정부도 동네에 주민공동시설을 공급할 여력이 없었다. 이렇게 시간이 흐르면서 동네의 커뮤니티는 사라지게 되었다.

"과연 동네에 주민공동시설이 필요한가?"라는 의문을 갖는 독자도 있을 것이다. 결론부터 이야기하면 중요하다. 나만의 주장이 아니다. 도시나 건축 분야는 물론 경제학, 심리학, 사회학 등 여타 학문 분야의 석학들 역시 커뮤니티의 중요성을 강조하고 있다.

《결핍의 경제학: 왜 부족할수록 마음은 더 끌리는가?》(이경식 옮김, RHK, 2014)의 저자 하버드대학교 경제학과 센딜 멀레이너선Sendhil mullinathan 교수와 프린스턴대학교 심리학과 교수 엘다 샤퍼Eladr shafir, 《제3의 장소》(김보영 옮김, 풀빛, 2019)를 쓴 미국의 도시사회학자 레이 올든버그Ray Oldenburg가 바로 대표적인 학자이다. 이들은 집(제1의 장소)이나 직장(제2의 장소)이 아닌 카페, 호프집, 미용실 등과 같은 제3의 장소에서 즐길 수 있는 느슨함의 중요성을 이야기한다. 느슨함을 즐길 수 있는 장소가 바로 그 동네의 장래성이자 잠재력이라는 것이다. 쉽게 설명하면 동네에 들마루가 필요하다.

동네 역시 이러한 철학에 맞게 바뀌어야 한다. 지역 공동체가 회복

될 수 있도록 제3의 공간을 확충해야 한다. 이러한 전문가들의 조언을 실천하고 있는 도시가 있다. 프랑스 파리시의 경우 제3의 공간에 대한 중요성을 인식하고 내 집으로부터 걸어서 15분 이내에 공공 및 편의시설 등이 갖추어진 동네를 조성하는 '15분 도시' 정책을 시행하고 있다.※ '15분 도시'의 요체는 느슨함을 즐길 수 있는 제3의 장소를 늘리는 정책이다. '15분 도시'가 실현된다면 주민의 삶의 질을 높이는 것에서 나아가 사회 안정과 성숙한 시민사회를 견인하는 토대가 될 것이다.

우리는 주택 부족 문제에 시달리면서 중요한 가치를 잊고 살았다. 들마루가 사라지면서 커뮤니티가 사라진 우리에게 미국의 포치 부활, 프랑스 파리시의 '15분 도시' 정책은 시사하는 바가 크다. 어떤 사회를 지향할 것인지 고민하고 있다면 들마루를 대체할 커뮤니티 공간을 동네에 마련하는 것부터 시작해야 한다. 우리가 잃어버린 것은 들마루가 아니라 동네 커뮤니티다.

※   안 이달고 파리시장이 공약으로 내건 생활권 계획이다. 내 집에서 도보로 15분 이내에 가게, 학교, 문화, 의료, 녹지, 공공서비스 등 생활 인프라에 접근할 수 있도록 하는 것이다. 자세한 내용은 140쪽에 나온다.

※ 책을 읽다보면 전문용어가 많이 나온다. 건축면적, 바닥면적, 연면적, 건폐율, 용적률, 서비스면적 등의 용어는 건축을 전공하지 않은 사람이라면 생소할 수 있다. 간단하게 용어 먼저 살펴보자.

면적 산정
- 건축면적: 건축물의 외벽으로 둘러싸인 부분의 면적
- 바닥면적: 각 층별로 벽 등으로 둘러싸인 부분의 면적
  *발코니, 필로티, 계단탑, 다락 등은 바닥면적 산정에서 제외
- 연면적: 각 층의 바닥면적의 합계(지하층 포함)

비율 산정
- 건폐율: 대지를 덮고 있는 건축물의 비율(2차원)
  = 건축면적 / 대지면적×100
- 용적률: 대지 면적 대비 건축물의 부피에 대한 비율(3차원)
  = 용적률 산정용 연면적* / 대지면적×100
  *지하층 바닥면적은 제외

적용 사례
(예) 대지면적 200㎡인 대지에 각 층별 바닥 면적이 100㎡인 경우

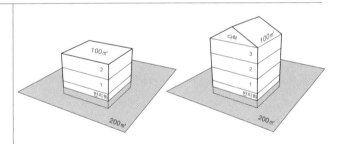

대지면적	200㎡	200㎡
건축면적	100㎡	100㎡
건폐율	50% (=100/200×100)	50% (=100/200×100)
연면적	300㎡ (=100×3)	400㎡(100×4)
용적률	100% (=200/200×100)	150% (=300/200×100)

*연면적 산정 시 지하층은 포함하되 다락은 제외, 용적률 산정 시 지하층은 면적 산정에서 제외

서비스 면적 발코니는 실제 면적은 있지만 면적 산정에서 제외되기 때문에 연면적 및 용적률 산정에서 제외됨. 지하층의 경우 면적 산정에는 포함되지만 용적률 산정에서 제외됨. 이처럼 면적 산정에서 제외되는 면적을 두고 서비스 면적이라고 한다.

중간주택 1.0에서 3.0까지

중간주택 1.0: 한지붕 세가족

단독주택의 공간을 나누어서 공동주택으로 사용하는 한지붕 세가족은 급속한 도시화에 따른 도시 주택 부족 문제를 해결하는 가장 빠르면서 실효성 있는 민간요법이었다. 한지붕 세가족은 서울을 비롯한 수도권뿐만 아니라 지방 소도시에서도 흔하게 접할 수 있었다.

당시 정부는 한지붕 세가족을 '다가구 거주 단독주택'이라고 불렀으며 불법으로 규정했다. 법상 용도가 단독주택이기 때문에 여러 가구가 살 수 없도록 했다. 단독주택을 개조해 세를 놓는 행위는 공식적으론 불법이지만 단속도 쉽지 않았을 뿐만 아니라 단속을 강화할 경우 임대주택이 줄어들기 때문에 정부는 이러지도 저러지도 못했다.

지방 소도시에 있던 우리 집 역시 한지붕 세가족이었다. 한지붕 아래 두 가족이 살았으며 주인 집 방 하나에는 강원도에서 유학 온 두 명의 고등학생이 하숙생으로 함께 살았다. 단독주택이지만 두 가구가 사는 공동주택이면서 동시에 하숙생이 함께 사는 공유주택으로 활용되었

시골집 평면도

다. 한 지붕 아래 열한 명이 함께 살았다.

당시 집 구조는 이랬다. 대문을 열고 들어가면 마당이 보인다. 마당에서 4단으로 구성된 계단을 올라가 현관에 들어서면 거실 용도의 마루가 있다. 모든 방과 욕실은 마루와 연결된다. 그런데 방 하나는 현관을 거치지 않고 마당에서 바로 드나들 수 있는 별도의 문이 있었다. 그 방에서 주인집과 연결되는 문은 책장과 장롱으로 막아 독립된 방처럼 만들고 전세를 주었다.

단독주택이지만 두 개의 부엌이 있었다. 하나는 주인집용이고 다른 하나는 셋집용이었다. 당시에는 연탄보일러로 난방을 했으며 연탄아궁이는 취사와 온수 공급용으로도 사용되었다. 석유곤로가 보급되면서 연탄아궁이에서의 취사는 줄어들었다. 두 부엌 위에는 다락이 있었다. 다락은 방에서 가파른 나무 계단을 통해 올라가는데 층고가 낮아 아이들도 허리를 펼 수는 없었다. 각종 계절 용품 등을 수납하는 공간으로 활용되었으며, 때로는 아이들의 아지트가 되기도 했다. 당시에는 방에만 난방이 되었으며 마루에는 난방이 되지 않았다. 마루 아래에는 물건을 수납할 수 있는 지하실이 있었는데 방수 기술이 좋지 않아서 지하에는 항상 물이 찼다. 덕분에 더운 여름날에는 가끔 지하실에서 물놀이를 할 수 있었다. 서울로 유학 와서 실내에 수영장이 있는 집에 살았다고 했더니 대저택에 사는 것으로 오해하는 친구도 있었다. 욕조가 있는 욕실은 주인집에서만 사용할 수 있었다. 세입자는 욕실이 별도로 없어서 마당이나 부엌에서 기본적인 세안과 간이 샤워를 하고, 목욕은 주말마다 대중목욕탕을 이용했다.

　　이처럼 불완전한 공동주택에서의 생활은 여러모로 불편했다. 한지붕 아래 거주하는 열한 명이 단 하나밖에 없는 야외 변소를 함께 사용하다보니 아침마다 옷을 챙겨 입고 화장실 앞에 줄을 서야 했다. 시간이 지나면서 화장실 이용 시간대가 암묵적으로 정해지고 대기시간은 짧아졌지만 추운 겨울이나 무더운 여름에 밖에 서 있는 건 곤혹이었다. 불완전한 세대 분리는 공공요금 납부에서도 불편함을 초래했다. 수도와 전기 계량기가 분리되어 있지 않아서 요금은 합의해서 지불해야 했다. 요금을 나누는 방식에도 합의가 필요했고, 어쩌다 요금이 많이 나오는 달에는 요금을 둘러싼 갈등을 피할 수가 없었다. 불완전한 공동주택의 한계를 그저 묵묵히 몸과 마음으로 견뎌내야 했다.

　　한지붕 세가족은 주택 부족 문제에 대한 실질적 대안이지만 불법이기에 독립된 주거환경을 제공하기 어려웠다. 불법이라는 한계를 극복하기 위한 새로운 대안이 필요했다. 이러한 고민은 정부로 하여금 중간주택 2.0을 구상하게 하는 계기가 되었다.

첫 번째 중간주택 2.0: 다세대주택

정부는 동네에 확산되는 한지붕 세가족을 다른 관점에서 바라보기 시작했다. 한지붕 세가족을 그저 불법 주택으로 치부하지 않고 도시의 주택 부족 문제를 해결하는 수단으로 보기 시작한 것이다. 이러한 변화의 첫 결실이 바로 '다세대주택'이다. 제한된 땅을 효율적으로 사용해보자는 명분이 바로 중간주택 2.0의 출발점이 되었다.

정부는 1984년 한지붕 세가족을 합법화하기 위해 다세대주택이라는 새로운 주거 유형을 법률에 도입했다. 도시에 보편화된 불법적인 한지붕 세가족에 대해 규제보다 개선이라는 현실적 방식을 선택했다. 정부는 세대별로 독립된 출입문, 부엌, 화장실을 설치하고 제대로 된 공동주택을 공급해 주거의 질을 높이고자 했다.

과연 정부의 다세대주택 확산 정책은 성공했을까? 당시 주택 시장의 반응은 앞서 설명한 드라마 〈응답하라 1988〉과 〈한지붕 세가족〉을 통해 확인할 수 있다. 두 드라마의 시대 배경을 기준으로 할 때 다세대주택은 이미 제도화되었다. 그럼에도 드라마는 합법화된 다세대주택이 아니라 여러 가구가 불법으로 거주하는 단독주택을 드라마 속 공간으로 정했다. 왜 그랬을까?

드라마가 시대 상황을 투영한 현실성을 중시한다는 점을 감안해볼 때, 당시 주택시장은 정부 정책에도 불구하고 다세대주택을 외면한 것으로 판단된다. 다세대주택 정책이 성공했더라면 드라마 속 배경이 되는 주택뿐만 아니라 제목도 한지붕 세가족이 아니라 다세대주택을

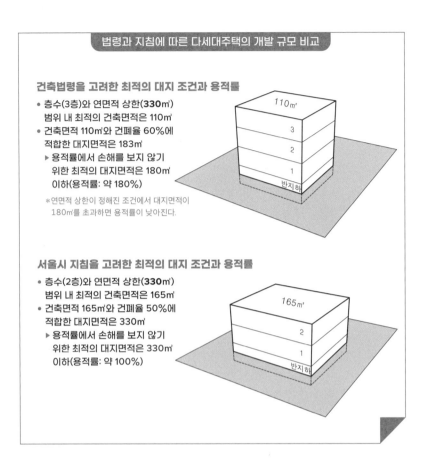

법령과 지침에 따른 다세대주택의 개발 규모 비교

건축법령을 고려한 최적의 대지 조건과 용적률

- 층수(3층)와 연면적 상한(**330㎡**) 범위 내 최적의 건축면적은 110㎡
- 건축면적 110㎡와 건폐율 60%에 적합한 대지면적은 183㎡
  ▶ 용적률에서 손해를 보지 않기 위한 최적의 대지면적은 180㎡ 이하(용적률: 약 180%)

*연면적 상한이 정해진 조건에서 대지면적이 180㎡를 초과하면 용적률이 낮아진다.

110㎡
3
2
1
반지하

서울시 지침을 고려한 최적의 대지 조건과 용적률

- 층수(2층)와 연면적 상한(**330㎡**) 범위 내 최적의 건축면적은 165㎡
- 건축면적 165㎡와 건폐율 50%에 적합한 대지면적은 330㎡
  ▶ 용적률에서 손해를 보지 않기 위한 최적의 대지면적은 330㎡ 이하(용적률: 약 100%)

165㎡
2
1
반지하

암시하는 장치가 포함되었을지도 모른다.

1985년에 도입된 다세대주택은 약 15년 동안 주택시장의 '대장주'로 등극하지 못했다. 왜 흥행에 실패한 것일까? 결론부터 이야기하면 시장을 제대로 파악하지 못했기 때문이다.

먼저 소유권과 관련된 부분이다. 다세대주택은 공동주택으로 분류되기 때문에 구분 등기가 필수다. 다세대주택은 임대가 아니라 분양을 해야 하기 때문에 세대별로 대지 지분을 나눠야 한다. 당시 집주인들은

1980년대 망우동에 지어진
2층 다세대주택.
2004년 촬영 ⓒ박기범

1980년대 화곡동에 지어진
2층 다세대주택.
2004년 촬영 ⓒ박기범

대지 지분을 나누는 구분 등기를 꺼렸다.

　　다른 원인은 강력한 건축규제에 있었다. 민원을 의식한 서울시의
강력한 건축허가처리지침이 다세대주택의 사업성을 떨어뜨리는 원인
이 되었다. 서울시는 다세대주택 건축에 따른 주변 단독주택의 일조와
사생활 관련 민원을 사유로 법령보다 강화된 지침을 운영했다. 건폐율
(60%→50%)과 층수(3층→2층)를 강화했다. 서울시의 허가처리지침을 따

를 경우 다세대주택의 규모는 단독주택 수준으로 제한되었다.*

단독주택과 개발 규모는 차이가 없으며, 공동주택으로 분류되어 건축 규제는 더 까다롭고, 대지 지분을 나누어 분양을 하는 다세대주택보다 동일 규모로 대지지분을 나누지 않고 임대수익을 거두어들일 수 있는 한지붕 세가족을 택하는 것이 경제적인 측면에서 보면 훨씬 유리했다. 법에서는 다세대주택을 장려하고 있었지만 허가지침이 다세대주택 확산에 걸림돌이 되었다.

그럼에도 1980년대에 다세대주택이 일부 지어졌다. 당시 다세대주택은 반지하가 있는 2층으로 지어졌다. 계단실을 중심으로 양쪽으로 각각 1세대를 배치해 총 6세대가 거주하는 공동주택 형태로 지어졌다. 외벽 재료는 붉은 벽돌을 사용했다. 당시 지어진 다세대주택을 외형만 놓고 보면 작은 연립주택에 가깝다. 당시 지어진 다세대주택의 수도 적었지만 지금은 대부분 철거되어 찾아보기 어렵다.

다세대주택에 대한 정책 실패는 새로운 중간주택의 도입을 재촉하게 했다. 다세대주택을 대체할 새로운 중간주택 2.0에 대한 정책이 검토되기 시작했다.

두 번째 중간주택 2.0: 다가구주택

노태우 정부(1988~1993)가 주택 200만호 공약을 약속하던 당시로 돌아

---

* 당시 서울시는 주거지역에 지을 수 있는 주택의 용적률 상한을 300%(강남지역은 300%, 강북지역은 250%)로 제한했다. 그런데 다세대주택 허가처리지침(다세대주택은 건폐율 50%, 층수 2층)을 따를 경우 다세대주택의 용적률은 100%를 넘을 수가 없다. 결국 다세대주택의 규모가 단독주택이나 별 차이가 없게 되었다.

가 보자. 88서울올림픽 이후 본격적인 경제성장기(연 12%를 넘는 경제 성장률)로 접어들면서 도시주거 문제가 크게 불거지기 시작했다. 50%대의 낮은 주택 보급률과 3저(저금리, 저유가, 저달러)에 따른 유동성 과잉이 맞물리면서 부동산 붐[**]이 일었다. 하늘 높은 줄 모르고 오르는 주택과 전·월세 가격으로 인해 가족이 자살[***]하는 등 국민의 불만이 폭증하자 정권 자체 위기론까지 대두되었다. 도시주거 문제는 정치 문제가 되었다. 결국 정부는 주택 200만호 공급을 공약으로 제시했고 이를 통해 성난 민심을 일부 달래고자 했다.

하지만 분당, 일산, 평촌 등 5개의 신도시 개발로는 공약으로 제시한 200만호 달성이 어려웠다. 게다가 신도시에 공급하는 아파트만으로는 전·월세 가격 앙등 문제를 해결하기에 역부족이었다. 당시 대한주택공사와 같은 공공에서 공급하는 영구임대나 국민임대주택으로는 전·월세 문제를 감당하기 어려웠다. 게다가 당시 신도시와 서울 도심을 연결하는 대중교통이 부족해 새벽 출근이나 밤늦게 퇴근해야 하는 사람은 신도시에 정착하기 어려웠다. 저렴한 소형 임대주택을 단기간에, 그것도 도심에 공급해야 하는 일이 정부의 당면 과제가 되었다. 정부는 신도시가 아닌 기성 도심에 저렴한 소형 민간 임대주택 공급을 확대하기 위한 새로운 카드를 꺼내들었다. 그 카드가 바로 '다가구주택'이다.

서울시에서 발간한 《건축행정편람》에 다가구주택의 도입 취지가 설명되어 있다. 서민용 셋방의 보급 확대, 단독주택의 무단 구조변경으

[**] 노태우 정부 집권 3년 만에 지가(주택가격) 상승률은 1988년 27.5%(13.2%), 1989년 32%(14.6%), 1990년 20.6%(21%)로 급등했으며, 1989년을 기준으로 1년 반 동안 전국의 전세값도 28.3% 급등···. "기획&특집: 실록 부동산정책 40년-어중간하게 150만호가 뭡니까", 〈대한민국 정책브리핑(www.korea.kr)〉 2007년 3월 2일자

[***] 1989년 12월 주택임대차 보호법이 개정(전세기간을 1년에서 2년으로)되면서 집주인들은 2년치 보증금을 한꺼번에 올렸다. 그 바람에 전세 대란이 발생했다.

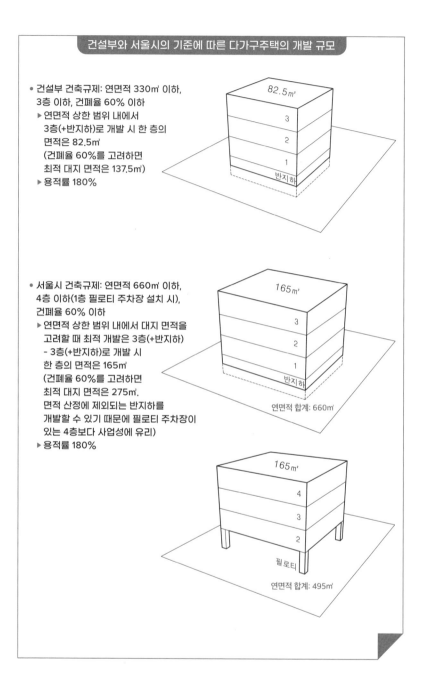

건설부와 서울시의 기준에 따른 다가구주택의 개발 규모

- 건설부 건축규제: 연면적 330㎡ 이하, 3층 이하, 건폐율 60% 이하
  - ▶ 연면적 상한 범위 내에서 3층(+반지하)로 개발 시 한 층의 면적은 82.5㎡ (건폐율 60%를 고려하면 최적 대지 면적은 137.5㎡)
  - ▶ 용적률 180%

82.5㎡
3
2
1
반지하

- 서울시 건축규제: 연면적 660㎡ 이하, 4층 이하(1층 필로티 주차장 설치 시), 건폐율 60% 이하
  - ▶ 연면적 상한 범위 내에서 대지 면적을 고려할 때 최적 개발은 3층(+반지하) – 3층(+반지하)로 개발 시 한 층의 면적은 165㎡ (건폐율 60%를 고려하면 최적 대지 면적은 275㎡. 면적 산정에 제외되는 반지하를 개발할 수 있기 때문에 필로티 주차장이 있는 4층보다 사업성에 유리)
  - ▶ 용적률 180%

165㎡
3
2
1
반지하
연면적 합계: 660㎡

165㎡
4
3
2
필로티
연면적 합계: 495㎡

'빌라'가 아니라 '중간주택'이다

로 인한 불법 방지, 최소한의 주거시설 기준 제시, 주택보급률의 상향, 기존 노후 단독주택 재건축을 통한 주택 공급량 확대, 소규모 민간임대 주택산업의 육성 등이다. 앞서 다세대주택의 도입 취지와 거의 유사하지만 '임대주택산업 육성'과 '셋방의 보급 확대'가 다르다.

다세대주택의 도입 취지가 '제대로 된 분양주택'이라면 다가구주택은 '제대로 된 임대주택의 공급'에 방점을 두었다. 한지붕 세가족과 거의 유사한 민간 임대주택 공급정책 덕분에 법의 테두리 안에서 보호받을 수 있는 다가구주택이 탄생하게 된 것이다. 그래서 다가구주택은 여러 가구가 거주하는 엄연한 공동주택이지만 정부는 법상 용도를 단독주택으로 분류했다.

건축법 시행령에서 다가구주택을 단독주택으로 분류하게 되면서 분양이 아니라 임대가 가능하게 되었다. 집주인은 최상층에 거주하면서 임대수익을 안정적으로 확보할 수 있었다. 쉽게 설명하면 불법이었던 한지붕 세가족이 합법화된 것이다.

당시 건설부가 마련한 다가구주택의 기준은 연면적 330m²(100평) 이하에 3층 이하였다. 서울시는 기준을 도입한 지 2개월 만에 다가구용 단독주택의 건축기준을 마련했다. 서울시는 다세대주택의 경우 허가처리 지침을 통해 규제를 강화했었다. 하지만 다가구주택에 대해서는 반대로 기준을 대폭 완화했다. 서울시는 다가구주택의 연면적은 660m²(200평) 이하, 층수는 4층 이하(4층은 1층에 주차장을 설치하는 경우에 허용), 가구 수는 2~19가구로 건설부 기준보다 대폭 완화한 것이다.

앞서 다세대주택의 실패 원인을 감안한다면 서울시는 철저하게 시장의 논리를 받아들인 기준을 제안한 것이다. 결국 서울시의 기준이 다가구주택의 연면적과 층수에 대한 법규로 채택되었다. 이렇게 임대 가능한 3층짜리 660m² 규모의 새로운 중간주택 2.0이 탄생하게 되었다.

붉은 벽돌, 옥상의 녹색
방수제와 노란색 물탱크는
1990년대에 지어진
다가구주택의 전형적
모습이다. ©정다은

과연 다가구주택은 다세대주택의 실패를 딛고 일어나 동네를 바꾸는 데 성공했을까? 결론부터 이야기하면 성공했다. 단독주택이 다가구주택으로 바뀌기 시작했다. 다가구주택은 동네 풍경을 단기간에 바꾸어 나갔다. 1990년대는 다가구주택이 대세였다. 다가구주택은 소규모 단독필지를 중심으로 확산되기 시작했다.

주택건설인허가 실적(e-나라지표)에 따르면 주택 공급량은 1987년까지 22만호, 1988년 32만호, 1989년 46만호, 1990년에는 사상 최대인

75만호로 급등했다. 1990년의 75만호 중 민간 부문이 48만호로 64%를 차지했다. 1990년은 바로 다가구주택이 도입된 원년이라는 점을 감안할 때 다가구주택이 주택 공급량 확대에 크게 기여했음을 알 수 있다.

다가구주택은 통상 주인이 최상층에 거주하며 아래층은 층별로 2~3가구가 거주할 수 있는 소형 임대주택으로 계획되었다. 1990년대 다가구주택의 외벽은 붉은 벽돌이 대세였다. 붉은 벽돌 외관과 함께 지붕에 칠한 녹색 방수제와 옥상에 설치한 노란색이나 파란색 물탱크가 동네의 보편적 경관이 되었다.

이런 동네 모습을 표현한 미술 작품을 많이 봤을 것이다. 청바지 작가로 잘 알려진 최소영 작가가 표현한 부산의 다가구·다세대주택이 밀집한 풍경에도 담겨있다. 청바지로 그린 부산의 도시풍경은 크리스티 홍콩 경매에서 2억 원에 낙찰되었다. 다가구주택은 영화나 드라마에도 자주 등장한다. 특히 다가구주택에 있는 반지하와 옥탑방이 주요 무대였다. 어느새 반지하와 옥탑방은 중간주택의 아이콘이 되었다.

1990년대 건축된 다가구주택은 대지의 여건에 따라서 개발 규모가 다르다. 대지가 작고 좁은 도로에 접한 경우 '2층+반지하'로 개발되었으며, 각 층별로 진입을 위한 별도의 독립된 계단이 외벽에 붙어있는 형태로 설계되었다. 2층 다가구주택의 법상 용적률은 120% 수준이지만 지하층을 포함한 실질적 용적률은 약 180%에 달했다.

대지가 크고 넓은 도로에 접한 경우 '3층+반지하' 형태로 개발되었다. 3층 다가구주택은 2층 다가구주택과 외형에서도 확연한 차이가 드러났다. 바로 계단이다. 2층 다가구주택의 경우 각 층별로 진입할 수 있도록 계단을 설치했다면 3층 다가구주택에서는 모든 층이 함께 이용하는 계단실이 생겨났다. 3층 다가구주택에서 지하층의 바닥면적을 제외한 법상 용적률은 약 160% 수준이었다. 지하층을 포함한 실질 용적률

소규모 대지에 지어진 2층 다가구주택, 전농동. 2021년 촬영 ©박기범

대규모 대지에 지어진 3층 다가구주택, 대치동. 2021년 촬영 ©박기범

용어 해설

다가구주택과 다세대주택

두 용어에서 다른 것이라고는 '가구(家口)'와 '세대(世帶)'이다. 국립국어원 표준국어대사전에서 두 단어의 정의는 "(수량을 나타내는 말 뒤에 쓰여) 현실적으로 주거 및 생계를 같이하는 사람의 집단을 세는 단위"로 동일하다. 사전적 정의는 같지만 건축법 시행령은 두 주택을 달리 규정하고 있다.

		다세대주택	다가구주택
도입 시기		1985년	1990년
용도		공동주택	단독주택
분양/임대		분양	임대
층수	1980년대	2층 이하	-
	1990년대	4층 이하	3층 이하
	2000년 이후	4개 층 이하	3개 층 이하
연면적	1980년대	330㎡ 이하	-
	1990년대~	660㎡ 이하	

은 220% 수준에 달했다. 여기에 옥탑방까지 포함하면 용적률은 더 높아진다.

전문가조차 다가구주택이 다세대주택보다 먼저 도입되었다고 잘못 알고 있다. 다가구주택이 1990년에 도입되었으니 다세대주택이 다가구주택보다 5년 먼저 법제화되었다. 다세대주택에 대한 정체성이 정립되기도 전에 다가구주택이 도입되다 보니 두 유형에 대해 국민의 혼선이 생기는 것은 당연하다.

중간주택의 변이: 도시형생활주택

다가구주택 도입 후 약 20년이 경과한 2009년 정부는 도시형생활주택이라는 새로운 정책을 도입하기에 이른다. 1~2인 가구 증가에 대응해 수요가 있는 곳에, 필요한 사람에게, 맞춤형으로 소규모 주택을 공급하겠다는 목표로 새로운 주택유형을 만들어냈다. 다세대주택이나 다가구주택의 도입 취지와 크게 다르지 않다.

가장 큰 차이점이라면 근거 법률이 달라졌다. 도시형생활주택은 근거 법률이 '건축법'이 아니라 '주택법'이다. 이러한 차이는 국토교통부 내 소관 부서가 다르다는 것을 의미한다. 주택법은 주로 아파트와 관련된 정책을 담당하는 '주택토지실-주택정책관' 산하 '주택건설공급과'에서, 건축법은 '국토도시실-건축정책관'에 속하며 주로 건축물에 대한 정책을 펼치는 '건축정책과'에서 담당한다.

일견 "담당 부서가 뭐 그리 중요하지?"라는 의문을 가질 수도 있다. 중요하다. 왜냐하면 주로 아파트에 대한 정책을 담당하는 주택정책관에서 중간주택에 관심을 가지기 시작했기 때문이다. 중간주택이 주택

도시형생활주택 활성화를 위해 규제
완화 조치를 시행한 결과 공급 확대
효과는 있었지만 주거환경은 더
열악해졌다. ©박기범

정책의 관심 대상이 되었다는 것은 각종 주택관련 통계, 지표, 정책수단
등에 중간주택이 포함된다는 것을 의미한다.

　　도시형생활주택은 300세대 미만의 국민주택규모(세대당 85㎡ 이
하)에 해당하는 주택으로서 단지형 연립주택, 단지형 다세대주택, 원룸
형으로 나누어진다. 기숙사형의 경우 2009년 5월에 도입해 2010년 7월
에 폐지했다. 단지형의 경우 개별 단독필지에 주로 지어지는 다세대주
택과 연립주택의 주거환경을 개선하기 위해 300세대 미만으로 소규모
단지화가 가능하다. 원룸형의 경우 세대당 주거전용면적(12㎡ 이상 50㎡
이하) 기준과 지하층 불가 등의 규제를 통해 제대로 된 주거환경을 조성
하도록 했다.

　　정부는 도시형생활주택 활성화를 위해 규제 완화 조치를 함께 발

표했다. 분양가 상한제나 감리방법에 대한 부분은 제외하고 동일한 대지 규모에 보다 많은 주택을 지을 수 있도록 하는 조치들만 살펴보자. 주택건설기준 등에 관한 규정 중 소음(외부 65db미만, 내부 45db이하), 배치(외벽은 도로, 주차장과 2m이상 이격), 기준척도(평면 10cm, 높이 5cm 단위 기준) 관련 규정은 제외할 수 있도록 했다. 건축심의를 거쳐 건축물의 높이를 완화할 수 있도록 했으며, 인동간격의 경우 일반 공동주택의 절반 수준으로 완화했다. 100세대 이상의 경우 세대당 2.5㎡의 복리시설을 확보하도록 하고 있는 주민공동시설 설치 기준의 경우 150세대 미만의 단지형은 면제해 주었다. 2012년부터는 주민공동시설을 설치할 경우 건축위원회의 심의를 받아 주민공동시설의 면적을 용적률 산정 면적에서 배제 또는 완화 적용할 수 있도록 했다. 주차장 설치 기준은 초기에 완화했으나 각종 주차장 부족 문제가 불거지면서 관련 기준을 강화했다.

이러한 규제 완화가 어떤 결과를 초래했을까? 사업성 제고에 따른 공급 확대 효과는 있었지만, 주거환경은 더 열악해지는 문제가 불거졌다. 인동간격과 일조 기준 완화는 프라이버시와 일조환경 침해 등 주거환경의 질적인 하락 문제를 야기했다. 주차장 설치 기준을 완화했다가 다시 강화한 것은 양적 확대가 더 이상 최선의 정책이 아님을 극명하게 보여준다. 질보다 양을 중시한 정책에서 불가피한 부작용이다.

도시형생활주택은 중간주택의 유형 구분에서 별도로 분류하지 않는다. 왜냐하면 도시형생활주택의 건축 용도는 다세대주택, 연립주택, 아파트로 분류되기 때문에 별도 구분이 의미가 없다. 다만 단지형의 경우 활성화되지는 못했지만 단독필지 중심의 중간주택의 한계에서 벗어나 새로운 중간주택 3.0으로 전환하는 계기가 되었다.

중간주택 3.0: 아파트

단독필지 위에 다가구주택이나 다세대주택을 지을 경우 주택공급량은 늘어나겠지만 주거환경을 개선하기에는 역부족이다. 이를 해소하기 위해 동네 전체를 재개발해서 아파트 단지를 조성하면 도시조직이 지워지고 저소득층이 도시 외곽으로 밀려난다는 비판에 직면한다. 이러한 문제를 해소하기 위해 20여 년 전부터 학계는 해법 찾기에 돌입했다.

연구자들은 여러 필지를 합친 소규모 개발 방식을 제안한다. 도로로 둘러싸인 블록 단위의 소규모 정비사업을 제안하는 것이다. 하지만 집주인들끼리 합의도 어려울 뿐만 아니라 소규모 개발에 대한 법적 기준의 미비로 활성화되지 못하고 있었다.

여러 단독필지를 합쳐서 개발한다면 개별 단독필지에서는 조성하기 어려운 주민공동시설이나 외부 공간 확보가 가능하다. 필지가 커지면 기계에 의존하지 않고 주차할 수 있는 지하 주차장도 설치 가능하다. 각 필지별 자투리 공간을 모으면 제법 쓸 만한 외부 공간을 만들 수 있다. 이렇게 만들어진 지상의 외부 공간은 주차장 대신 조경이나 휴게 공간으로 활용할 수 있다. 필지를 합치거나 공동으로 개발할 경우 필지의 규모는 단독주택과 아파트 단지의 중간 수준으로 커진다. 그 위에 지어진 주택 역시 규모 면에서 단독과 아파트의 중간이다. 다세대주택이나 연립주택이 아니라 7층 내외의 아파트를 지을 수 있다.

이러한 시도가 민간에서 없었던 것은 아니다. 공동주택 개발을 하면서 단독필지의 한계를 극복하기 위해 만들어진 단지형 연립주택이 바로 대표적 사례다. 소규모 단독 필지를 합필해 조성된 대지규모는 아파트 단지보다 작지만 제법 쓸 만한 외부공간과 번듯한 지하주차장을 조성하는 것도 가능하게 했다.

토지를 합필하고 각 필지(지번 23의 연면적은 3,973㎡, 지번 24의 연면적은 3,953㎡)에 3동 18세대를 지은 연희동 현대빌라. 1992년에 지어져 연면적 상한(1990년 개정 전까지 660㎡ 미만) 규정을 적용받지 않았으나 사업승인을 피하기 위해 대지를 분할했다. ©권순구, 네이버 항공사진

정부에서 이러한 소규모 개발 방식에 관심을 갖기 시작했다. 정부는 블록단위의 소규모 개발을 활성화시키기 위한 법적 근거를 마련했다. 바로 '빈집 및 소규모주택 정비에 관한 특례법(약칭 소규모주택정비법)'이다. 이 특례법에 소규모 정비사업에 필요한 규정이 있다. 원래 소규모 정비사업에 대한 내용은 '도시 및 주거환경정비법(약칭 도시정비법)'에 있었다. 하지만 도시정비법은 재개발이나 재건축 등 대규모 정비사업에 대한 규제 위주의 법률이다 보니 소규모 정비사업 활성화를 위한 지원 규정은 상대적으로 미흡했다. 그래서 소규모 정비사업 관련 내용을 소규모주택정비법으로 이관했다. 관련 내용을 이관하면서 건축규제 완화, 임대주택 건설 등의 특례 규정과 정비 지원기구 지정, 임대관리 업무 지원, 기술지원 및 정보제공 등 각종 지원 규정을 신설했다. 비로소 중간도시로의 변화를 위한 법률적 토대가 마련된 것이다.

　　소규모주택정비법에서 규정하고 있는 소규모주택정비사업의 종류는 세 가지이다. 자율주택정비사업, 가로주택정비사업, 소규모재건축사업. 소규모재건축사업은 정비기반시설이 양호한 지역에서 소규모로 공동주택을 재건축하기 위한 사업을 의미한다. 자율주택정비사업과 가로주택정비사업은 정비기반시설이 상대적으로 열악한 지역에서 소규모로 이루어지는 정비사업이다.

　　아파트 단지 밖 동네의 경우 대부분 정비기반시설이 양호하지 않다는 점과 중간도시로의 도시구조 변화가 필요하다는 점을 고려할 때 우리가 중점적으로 살펴봐야 할 소규모 정비사업은 가로주택정비사업이다.

　　가로주택정비사업은 노후·불량 건축물이 밀집한 주거지에서 종전 가로체계를 유지하면서 블록 단위의 정비사업을 유도하는 것을 목적으로 하고 있다. 너비 6m 이상의 도시계획도로에 둘러싸여 있는 면적

1만m² 이하의 가로구역 내 노후불량 주택을 대상으로 사업이 시행된다. 가로주택정비사업의 시행을 위한 기준과 절차를 법에 규정하고 있다. 기존 주택 수가 단독주택 10호 이상 또는 다세대·연립주택 20세대 이상일 경우 사업을 할 수 있으며, 노후불량주택의 수는 전체 건축물의 2/3 이상이어야 한다.

사업은 대체로 2,000~3,000m² 내외의 대지에서 시행되며, 사업의 결과는 7층 높이의 아파트다. 가로주택정비사업은 중간주택의 초기 버전인 한지붕 세가족과는 확연히 달라진 새로운 동네 풍경을 만들어내고 있다.

이 사업의 가장 큰 장점은 재개발이나 재건축과 같은 대규모 정비사업에 비해 사업절차가 대폭 간소화되었다는 점이다.* 절차 간소화 덕분에 조합은 약 10년이 소요되는 대규모 정비사업과 달리 2~3년 만에 사업을 완료할 수 있다. 사업기간 단축이 중요한 이유는 기간이 줄어들면 대출금에 대한 이자 등 금융비용을 줄일 수 있기 때문이다. 사업기간이 짧다는 것은 조합 입장에서 사업성을 높이는 수단이기도 하지만 단기간에 주택 공급이 가능하다는 것을 의미하기 때문에 정부 입장에서도 좋은 주택공급 수단이다.

사업 추진을 위해서는 조합을 설립해야 한다. 조합은 집주인의 80% 이상 동의와 토지 면적 2/3 이상의 주인이 사업에 찬성해야 한다. 집주인들이 설립한 조합이 직접 시행하거나 조합원의 과반수 동의를 받아 건설업자(신탁업자) 등과 공동으로 사업을 시행할 수도 있다. 조합

---

* 가로주택정비사업으로 사업을 추진할 경우 대규모 정비사업에 필요한 절차인 정비기본계획 수립, 정비계획 수립, 정비구역 지정, 안전진단 등의 절차를 생략할 수 있으며, 사업시행인가와 관리처분계획을 한 번에 받을 수 있으며, 건축 심의 시 도시계획 심의 등과 통합심의도 가능하다.

가로주택정비사업을 위해서는 조합을 설립해야
하고 조합원의 과반수 동의를 받아 건설업자와
공동으로 사업을 시행할 수 있다. ⓒ박기범, LH

이 가로주택정비사업을 추진할 경우 절차 간소화뿐만 아니라 사업 활성화를 위한 각종 지원을 받을 수 있다. 대규모 정비사업과 달리 재건축 초과이익 환수제가 적용되지 않으며, 주택도시보증공사의 금융지원을 통해 이주비 및 사업비가 저리로 지원된다.

공공도 가로주택정비사업 활성화에 적극적이다. LH는 가로주택정비사업의 사업성을 간단하게 살펴볼 수 있는 시스템garohousing.net을 구축했다. 시스템에 지번만 입력하면 가로주택정비사업의 사업성을 분석할 수 있다. 국토교통부는 2021년 발표한 2·4 부동산 공급대책에서 소규모 정비사업의 활성화를 통해 도심 주택공급 확대를 추진하겠다고 발표했다. 서울시를 비롯한 지자체들도 가로주택정비사업 지원방안 마련에 박차를 가하고 있다.

이러한 정부의 적극적인 지원정책 발표에 힘입어 변화가 가시화되고 있다. 가로주택정비사업은 주로 중규모 건설사들이 참여했는데 최근에는 현대건설, DL이앤씨(구 대림산업), 대우건설 등 대형 건설사들도 가로주택정비사업에 뛰어들었거나 진출을 검토 중이다. 가로주택정비사업을 추진하는 조합의 수도 늘고 있다. 2016년 15개에 불과했으나 2020년 12월 기준으로 165개로 대폭 늘어났다. 조합 설립을 준비 중인 곳도 400개를 넘어섰다.

가로주택정비사업은 중간주택 2.0에서 실현할 수 없었던 주민공동시설이나 쓸 만한 외부공간을 조성할 수 있는 중간주택 3.0을 만들어 내는 토대가 된다. 가로주택정비사업을 지원하기 위한 법적 근거 마련, 맞춤형 금융지원, 그리고 전문성 보완 등이 바로 중간주택 3.0을 활성화시키기 위한 정부의 정책이다.

중간주택 3.0은 이제 발을 내딛고 있다. 제대로 된 지원체계를 갖추었다면 이제 남은 일은 사람들이 살고 싶어 하는 중간주택 3.0을 잘 짓는 것이다. 앞으로 중간주택 3.0이 동네를 어떻게 바꾸게 될지 유심히 지켜보자.

중간주택을 움직이는 제도

용적률 게임

2016년에 개최된 제15회 베니스 비엔날레 국제건축전의 주제는 "전선에서 알리다Reporting from the Front"였고, 한국관의 주제는 "용적률 게임: 창의성을 촉발하는 제약THE FAR GAME: Constraints Sparking Creativity"이었다. '용적률 게임'은 한국관의 예술감독을 맡았던 김성홍 교수가 2012년 8월《중앙일보》에 기고한 기사의 제목이기도 하다. 전시는 상업주의적 욕망이 팽배한 동네에서 벌어진 공간 점유 욕망을 위한 건축가들의 치열한 전투 결과로서 만들어진 중간주택의 모습을 적나라하게 보여주었다.

동네건축의 생산방식이 베니스 비엔날레 국제건축전의 주제로 선정되었다는 사실에 깜짝 놀랐다. 반세기 동안 건축가들의 비판 대상이었던 집장수의 개발 방식이 국제건축전의 주제라니…. 비엔날레의 주제나 출품작은 품위 있고 고상한 건축물이어야 한다는 생각이 한순간에 무너졌다. 한편으로는 동네의 흔한 중간주택을 여과 없이 세상에 알렸다는 점에서 감사의 마음도 생겼다. 다른 한편으로는 오랫동안 중간주

2016 베니스 비엔날레 국제건축전에
출품했던 용적률 게임 사례.
붉은 부분이 서비스 면적으로
동네건축에서 보편적으로 이루어지는
용적률 게임의 산물이다.
자료제공: 한국문화예술위원회

택을 연구한 것이 헛된 것은 아니었구나 하며 그 동안의 노력에 스스로를 위로하고 칭찬하기도 했다.

실상은 어떤지 '전선戰線'으로 들어가 보자. 정부는 공공복리 증진을 명분으로 개별 건축물의 개발 욕망을 법률로 제어한다. 가장 대표적인 제어 수단은 대지에 지을 수 있는 건축물의 면적을 제한하는 것이다. 앞서 용어 정의에서 설명한 용적률이 대표적인 규제 수단이다. 그래서 용적률은 곧 돈이라는 인식이 보편화되었다. 동네건축의 성패는 얼마나 많은 용적을 확보하느냐에 달려 있다. 이를 두고 '용적률 게임'이라고 한다. 동네건축을 지으려는 사람들은 대부분 최대 용적률을 뽑아낼 수 있는 건축가를 선호한다. 동네 중간주택이 바뀌는 원인을 꼽으라고 한다면 단연 용적률 게임이다.

아파트 발코니 확장 전후 평면 비교

기본형

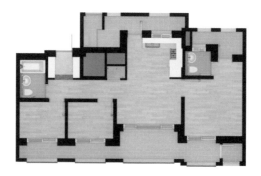

확장형

자료 제공: 중흥건설

언제부터 동네에서 용적률 게임이 벌어진 것일까? 과거 2층 이하의 단독주택은 용적률에 여유가 있었기 때문에 용적률이 개발의 제약 요소가 아니었다. 주택의 규모가 커져 용적률 상한에 가깝게 짓게 되면서 용적률 게임이 시작되었다. 그럼 게임은 어디에서 펼쳐지는가? 일반적으로 발코니, 옥탑, 테라스, 지하 등 소위 서비스 면적을 최대한 확보하는 것이라고 알려져 있다.

용적률 게임은 아파트에도 일반화되어 있다. 파주에 분양된 중흥 S-클래스 아파트의 경우 전용면적이 59.3㎡인데 발코니 면적은 33.7㎡에 이른다. 발코니 면적이 전용면적의 절반을 넘는다. 다른 단지들도 유사한 수준으로 발코니를 설계했다. 모든 건설사가 아파트의 발코니 공간 극대화라는 용적률 게임에 열을 올리고 있다.

중간주택에서 용적률 게임은 서비스 면적을 극대화하는 것에 국한되지 않는다. 연면적 상한의 제약을 극복하기 위해 필지를 분할하거나 합치는 일도 빈번하게 벌어진다. 용적률 게임은 건물이 아니라 땅에서부터 먼저 시작된다.

게임 1. 대지 조정

용적률을 계산할 때 분자는 연면적이 되고 분모는 대지면적이 된다. 이때 연면적 상한(다가구주택과 다세대주택의 연면적 상한은 660㎡)으로 인해 분자가 고정되어 있다면 분모를 조정해서 용적률을 극대화해야 한다. 만약 용적률 상한이 200%라면 대지면적은 330㎡(100평)을 넘어서면 안 된다. 그렇게 되면 용적률이 낮아진다. 대규모 대지에서 용적률이 낮아지는 것을 방지하기 위해 분모를 조정하는 방법으로 선택되는 것이 대지 분할이다. 대지가 큰 경우 검토되는 용적률 게임으로 대지에서 펼쳐지는 용적률 게임의 실체다.

58쪽 그림은 현대건설에서 대치동에 지은 연립주택의 필지 변화를 표시한 것인데 당시 연립주택에 대한 연면적 상한인 660㎡ 범주 내에서 용적률 손해를 최소화시키기 위해 여섯 개의 필지를 합치고 다시 두 개로 분할한 후 그 위에 연립주택 두 동을 건설했다. 용적률 손해를 피하기 위해 대지를 분할했다. 대지를 조정하는 용적률 게임은 동네 집장수만 하는 게 아니다.

게임 2. 연면적 조정

용적률 산식에서 분자인 연면적의 상한을 피하기 위해 때로는 분

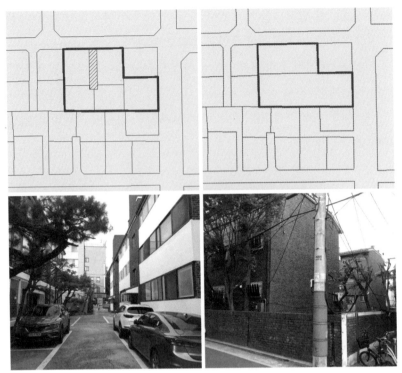

현대건설에서 대치동에 지은 연립주택. 1987년 집을 지을 때 용적률 손해를 최소화하기 위해 6개 필지를 합치고 다시 2개로 분할했다. 왼쪽은 1967년 지적, 오른쪽은 1990년 지적. 두 지적도를 자세히 들여다보면 합병 후 분할했음을 알 수 있다. 그럼에도 대지 경계에는 담장 등 별도의 표시가 없다. ©박기범

자를 조정하기도 한다. 이때 법규 해석 능력이 필요하다. 다가구주택과 다세대주택의 연면적 상한은 주택에 대한 면적 합계로 한정하고 있기 때문에 주택 외 용도인 근린생활시설을 섞게 되면 연면적 상한을 피할 수 있다. 예를 들어 주택의 연면적이 660㎡라면 주택은 더 이상 지을 수 없지만 근린생활시설은 면적 규정과 상관없이 용적률 상한의 범위 내에서 더 지을 수 있다. 이러한 용적률 게임의 결과물이 바로 상가인 근린생활시설과 주택이 함께 있는 상가주택이다. 이러한 개발방식

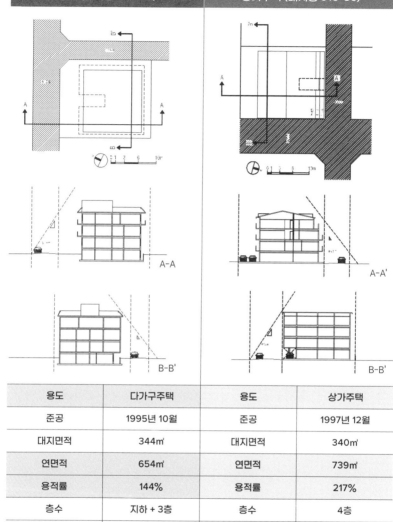

용도	다가구주택	용도	상가주택
준공	1995년 10월	준공	1997년 12월
대지면적	344㎡	대지면적	340㎡
연면적	654㎡	연면적	739㎡
용적률	144%	용적률	217%
층수	지하 + 3층	층수	4층
도로너비	6m / 4m	도로너비	8m / 6m

면적이 340㎡인 대지에 주택만 지으면 연면적 상한 규정으로 인해 660㎡까지만 건축이 가능(이때 용적률은 144%)하지만 근린생활시설을 함께 지으면 연면적을 739㎡까지 높여(이 경우 용적률은 217%) 개발 면적을 극대화할 수 있다. 출처: 박기범, 《주택관련법제에 따른 주거지 변천에 관한 연구》, 서울시립대학교 박사학위 논문, 2005

을 적용하려면 동네에 근린생활시설에 대한 수요가 있어야 한다.

대지에서 이루어지는 두 가지 용적률 게임은 대지의 면적이 330㎡ (100평) 이상인 경우에만 시도된다. 대지면적이 작은 경우 연면적 상한 내에서 용적률을 손해보지 않고 충분히 짓기 때문이다. 660㎡(200평) 이상의 대지는 용적률 손해를 보지 않기 위해 대지를 분할한다. 물론 연면적 상한 규정이 없는 아파트를 지을 경우 대지를 분할할 필요가 없다. 대지 규모가 330㎡는 넘지만 대지 분할의 여건이 안 되는 경우(대지 규모가 660㎡ 미만) 근린생활시설을 추가하는 방식을 택한다. 사업자는 대지 규모에 따라 용적률 손해를 보지 않는 용적률 게임을 선택하는 것이다.

대지와 연면적을 조정하는 용적률 게임은 아파트 단지에서는 일어나지 않는다. 아파트는 연면적 상한이 없기 때문에 대지를 분할하거나 합병할 필요가 없으며, 근린생활시설도 늘릴 필요가 없다. 대지면적이나 용도를 혼합해 연면적을 조정하는 용적률 게임은 동네 중간주택에서만 발견되는 특징이다.

법규가 바뀔 때마다 동네 중간주택에서는 새로운 용적률 게임이 벌어진다. 최대한 많은 공간을 확보해 분양 또는 임대 수익을 높이려는 욕망을 실현하려는 건축주나 집장수를 비난하기보다는 마냥 부러워하고 있다. 그러다보니 설계를 의뢰받은 건축가는 계약서상 갑의 요구를 쉽게 뿌리칠 수 없다. 제아무리 유명한 건축가라도 최대 용적을 확보하면서 디자인이나 작품성을 추구해야 한다.

건축가는 각종 법규를 준수하면서 법적 용적률을 최대한 채우는 것은 기본이고 그 이상으로 숨은 용적을 더 확보하기 위한 묘수를 찾아내는 용적률 게임에서 이겨야 한다. 동네에 지어지는 주택을 설계하는 건축가가 놓인 상황이 전쟁터라고 불릴 만하다. 동네를 바꾸고 싶다면 동네에서 벌어지는 용적률 게임을 정확하게 이해해야 한다. 용적률 게임의 최전선에 있는 중간주택의 변화 양상을 유심히 살펴야 한다. 그래야 제대로 된 해법을 찾을 수 있다.

반지하와 옥탑방에서 필로티와 다락으로

영화나 드라마 감독들이 주인공의 신분을 극적으로 드러내기 위해 자주 선택하는 공간이 있다. 바로 옥탑방과 반지하이다.

반지하는 아카데미 시상식 4개 부분을 수상하는 등 각종 국제 영화제를 휩쓴 〈기생충Parasite〉에 등장하면서 전 세계에 알려졌다. 영화는 반지하에서의 삶과 거주환경을 적나라하게 보여주었다. 증명서를 위조해서 명문대생이라고 속이고 고액 과외를 하는 아들이 유일한 희망으로 무료 와이파이 존을 찾아 화장실 변기 위로 올라가야 하는 집에 사는 한 가족을 통해 반지하 거주자의 경제적 현실을 이야기하고 있다.

반지하의 거주환경은 냄새로 표현된다. 〈기생충〉에서 저택에 사는 주인공은 반지하에 거주하는 주인공에게서 특유의 냄새가 난다고 했다. 이 냄새는 양귀자의 소설 《원미동 사람들》에서도 등장한다. 양귀자는 지하생활자들의 냄새를 묘사하는 대목에서 "옷에 밴 퀴퀴한 곰팡이 냄새가 풍긴다."고 했다. 반지하의 곰팡이 냄새가 몸에 밴 것이다. '퀴퀴한 냄새'는 반지하의 열악한 환경과 그 곳에 사는 사람들의 경제적 수준을 대변한다.

그런데 반지하가 역사 속으로 사라질 날이 멀지 않았다. 2000년 이후 층수와 주차장 설치 기준*이 강화되면서 지하주거에 대한 규제도

---

* 세대당 0.7대 이상에서 1.0대 이상으로 강화

창이 도로 높이에 있으면
반지하라고 한다.
2004년 촬영 ⓒ박기범

함께 시작되었다. 건축법에서 중간주택에 대한 층수 규제가 '층수'에서
'개 층'으로 변경된 것도 지하주거가 사라지는데 한몫했다. 무슨 의미인
지 선뜻 이해되지 않는다. 예를 들어 다세대주택의 경우 종전 '4층 이하'
에서 '4개 층 이하'로 개정되었다. 기존의 경우 지하층은 층수에서 제외
되었기 때문에 '지하층+4층'으로 지을 수 있었지만, 개정된 법규에 따
를 경우 지하층을 포함하면 5개 층이 된다. 결국 지하층도 층수 산정에
포함되면서 주거 환경이 열악한 반지하가 사라지게 되었다. 새로 짓는

다가구주택이나 다세대주택에는 반지하가 없고 1층에 필로티 주차장이 설치되고 있다.

반지하와 함께 거주자의 경제적 환경을 대변하는 또 다른 공간이 있다. 바로 옥탑방이다. 옥탑방은 제16대 대통령 선거에서 화제가 되었다. 당시 노무현 후보와 이회창 후보는 오차 범위 내에서 접전을 벌이고 있었다. 후보의 말 한마디가 당락에 영향을 미칠 수 있는 민감한 시기였다. 후보자에 대한 정책 검증이 한창이던 시기, 느닷없이 '옥탑방'이 대선 후보자뿐만 아니라 캠프 관계자들까지 천당과 지옥을 오가게 만들었다.

당시 한나라당 대선 후보 이회창은 방송기자클럽 초청 토론회에서 "옥탑방을 아느냐?"라는 사회자의 질문에 "잘 모르겠다."고 답했다. 토론회 이후 귀족 이미지가 부각되면서 논란이 일자 이 후보는 "옥탑방을 왜 모르겠느냐, 고교생의 은어를 묻는 것으로 착각했다."고 해명했다. 그러나 언론은 '귀족 후보' 이미지를 불식시키기 위해 공을 들인 이회창 후보의 서민 친화적 이미지가 옥탑방으로 인해 단번에 날아가 버렸다고 평가했다. 대통령 후보가 서민의 애환이 스며있는 옥탑방을 모른다는 비난이 쏟아졌다. 당시 한나라당 선거 캠프의 싸늘한 분위기가 짐작된다.

반대 진영인 민주당 선거 캠프는 어땠을까? 민주당 대변인은 이회창 후보를 '위장 서민'이라고 거세게 몰아붙였다. 그러나 이런 분위기도 하루를 넘기지 못했다. 다음 날 라디오프로그램에 초대받았던 민주당 후보 노무현은 "옥탑방 생활 형태에 대해서는 얘기를 들어봤지만 용어 자체는 몰랐다."고 솔직하게 대답했다. 노무현 후보는 전날 이회창 후보의 토론회를 봤기 때문에 옥탑방에 대해 아는 척 할 수 있는 상황이었다. 그러나 노무현 후보는 전날 이루어진 이회창 후보의 옥탑방 관련 토

옥탑방은 다가구주택에만
존재하는 독특한
주거공간이다. ⓒ박기범

론회를 보면서 본인이 옥탑방의 뜻을 몰랐다는 걸, 아들이 아는데 거짓
말을 할 수 없었다고 솔직하게 답했다. 노무현 후보의 솔직함으로 민주
당 캠프는 상대 후보를 매몰차게 몰아붙일 수 있는 절호의 기회를 날려
버리고 말았다.

　　고작 방 한 칸을 두고 왜 이렇게 정치권에서 민감하게 반응했을
까? 2015년 국가통계포털 KOSISkosis.kr에 따르면 전국 전체 가구수
(19,111,731) 중에서 수도권(서울, 인천, 경기)의 가구수(9,215,197)는 전체의

약 48%에 달한다. 문제가 되었던 옥탑방(53,832)은 전체 가구수 대비 0.3%에 불과하다. 주거 문제가 심각한 수도권으로 범위를 좁혀보자. 수도권의 옥탑방(41,199)은 수도권 전체 가구수 대비 0.5%로 전체 가구수의 수치와 크게 차이나지 않는다. 그러나 옥탑방(전국 53,832)의 수도권 비중(41,199)은 77%에 육박한다. 옥탑방의 정치학이 중요하게 부각되는 실마리는 바로 수도권 주거문제에 있었던 것이다.

옥탑방은 다른 주거유형에는 없고 다가구주택에만 있는 독특한 주거공간이다. 옥탑을 불법으로 개조해 방으로 만들었기 때문에 연립주택이나 아파트처럼 분양을 하는 공동주택에는 없다.

드라마나 영화에 등장하는 옥탑방은 반지하와 다른 매력이 있다. 높은 곳에 위치한 옥탑방에서 보는 야경은 낮에 보이는 도시의 많은 것을 가려주기 때문에 낭만적이다. 옥탑방은 채광 및 환기가 우수할 뿐만 아니라 마당도 있다. 제23회 이상문학상 대상을 받은 박상우의 소설 《내 마음의 옥탑방》은 "나의 기억 속에는 세월이 흘러도 불이 꺼지지 않는 작은 방 한 칸이 있다."라는 감미로운 문장으로 시작한다. 옥상 마당이 있는 옥탑방이 마치 마당 있는 단독주택처럼 근사한 공간으로 소개되고 있다.

실상은 어떨까? 드라마 속 옥탑방의 공간 구조를 살펴보자. 옥탑방은 옥상 마당을 제외하면 그리 낭만적이지 않다. 건물 외부에 계단이 붙어 있는 가파르고 낡은 철제 계단을 따라 올라가는 길은 불안하다. 게다가 옥탑방은 단열이 제대로 되지 않아 여름에는 찜통더위에, 겨울에는 혹한에 시달려야 한다. 화장실과 부엌이 딸려 있지 않은 경우도 있어 생활하는데 여간 불편한 게 아니다. 옥탑은 누구나 출입이 가능하기 때문에 치안도 불안하다. 그럼에도 옥탑방은 많은 드라마에서 여주인공의 집으로 자주 등장한다. 옥탑방에서 고단한 생활을 하는 가난한 여주

다락의 높이 기준이 완화되면서 다락을 둘 수 있는 경사지붕 집이 많아지고 있다.
출처: 네이버 항공사진

인공이 고층 아파트에 사는 여주인공보다 시청자들로부터 연민의 정을 더 끌어내기에 충분하다.

옥탑방도 반지하처럼 점점 사라지고 있다. 종전에는 건축비를 아끼기 위해 평지붕으로 개발했다면 다락에 대한 건축기준이 개정(경사지붕으로 할 경우 다락의 높이를 1.5m에서 1.8m로 완화)되면서 다락이 있는 경사지붕을 설치하는 사례가 늘고 있다. 옥탑방이 다락방으로 대체되고 있다. MBC 예능 〈구해줘! 홈즈〉와 같은 집을 소개하는 프로그램에서 다락을 설치한 집이 자주 소개되는 이유이기도 하다.

층수와 주차장 규제는 반지하를 필로티 주차장으로, 층고 규제 완화는 옥탑방을 다락방으로 바꾸는 계기가 되었다. 이에 따라 동네의 경관과 생활환경도 바뀌고 있다.

규제 완화와 다세대주택의 부활

용적률 게임은 법규의 범주 내에서 최대한의 용적을 확보하는 일이다. 법규가 바뀌면 용적률 게임의 규칙이 달라진다. 1990년대 다가구주택, 2000년대 다세대주택이 동네건축의 주류가 된 것도 바로 법규의 변화에 기인한다. 1985년에 도입된 다세대주택이 15년이나 지난 2000년에 들어서야 활성화된 이유도 바로 규제 완화 덕분이다.

정부는 1990년 다가구주택을 도입하면서 다세대주택의 사업성을 높이는 정책도 병행했다. 연면적 상한을 과거 330m²에서 660m²으로 두 배 늘렸다. 층수도 1980년대 '2층+반지하'에서 1990년대 '4층+반지하'로 2개 층이나 높였다. 건설교통부가 1999년 발간한 《건축행정편람》에 따르면 다세대주택에 대한 일조 관련 높이제한 규정(정북방향 주택의 일조를 위해 해당 건축물의 높이를 제한)을 다가구주택 수준으로 완화했다. 사업성 측면에서 3층 다가구주택보다 한 층을 더 지을 수 있는 다세대주택이 유리하다.

건폐율 60%와 용적률 300%라는 기준을 다가구주택과 다세대주택에 동일하게 적용해보자. 최고 층수가 3층으로 제한된 다가구주택은 용적률 180%(층별 60%×3층)를 넘기 어렵다. 반면 층수를 4층 이하로 규정한 다세대주택의 용적률은 240%(층별 60%×4층)까지 높아진다. 실제 1990년대 지어진 '4층+지하층'의 다세대주택의 경우 용적률은 210% 내외로 당시 3층으로 지어진 다가구주택의 용적률 150% 보다 60% 높았다. 1개 층을 더 지을 수 있으니 그 만큼 용적률이 높아지는 것은 당연하다. '4층+지하층'으로 건축된 다세대주택의 지하층 연면적을 포함한 실질적인 용적률은 270%(지상 210%+지하 60%) 수준에 이른다. 최근 지어진 아파트 단지의 주거부분 용적률과 별 차이가 없는 고밀주택이다.

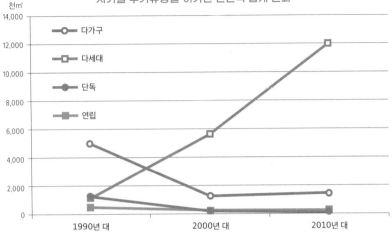

그렇다면 1990년대 들어서면서 다세대주택의 신축이 증가했을까? 결론부터 이야기하면 아니다. 앞서 설명한 것처럼 법규만 해석해보면 다세대주택의 개발이 유리하다. 하지만 다세대주택의 경우 공동주택으로 분류되기 때문에 단독주택으로 분류되는 다가구주택보다 각종 건축규제*가 강했기 때문에 소형 단독필지에서는 다가구주택의 개발이 유리했다. 일조 높이제한은 다가구주택 수준으로 완화했지만 다른 건축규제는 여전히 공동주택을 따라야 했기 때문에 다세대주택이 불리했다. 게다가 단독주택을 소유한 집주인들은 최상층에 거주하면서 임대수익을 얻을 수 있는 다가구주택을 선호했다. 앞서 시기별 중간주택의 유행에서 살펴본 것처럼 1990년대 동네 단독주택들은 다세대주택보다는 다가구주택으로 바뀌었다. IMF 경제위기가 닥치기 전까지 다가구주

---

*   다세대주택의 경우 대지 내 공지 규정(외벽으로부터 대지 경계선까지 이격거리 2m 이상 이격) 및 채광창 높이규제(채광을 위한 창을 설치할 경우 창이 설치된 각 부분 높이의 1/2만큼 이격)로 인해 개발할 때 다가구주택보다 불리(두 규정 모두 1999년 4월 폐지)

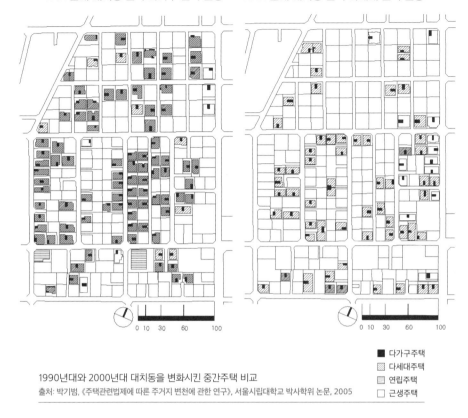

1990년대 대치동 신축 다가구 신축 현황   2000년대 대치동 신축 다세대 신축 현황

0 10 30 60 100   0 10 30 60 100

■ 다가구주택
▨ 다세대주택
▤ 연립주택
□ 근생주택

1990년대와 2000년대 대치동을 변화시킨 중간주택 비교
출처: 박기범, 《주택관련법제에 따른 주거지 변천에 관한 연구》, 서울시립대학교 박사학위 논문, 2005

택은 동네 경관을 바꾸는 대표 주자였다.

하지만 2000년 이후 상황이 바뀌었다. 2000년 이후 약 20년간 동
네의 대세는 다세대주택이 되었다. 시간이 갈수록 다세대주택은 다가
구주택과 격차를 점점 더 벌리고 있다. 다세대주택이 2000년 이후에서
야 동네 대표 주택으로 자리매김하게 된 비결은 무엇일까?

1999년 4월 다세대주택에 적용되는 높이 규정(채광을 위한 창이 있는
벽면의 높이 규제 완화 등) 완화와 대지 내 공지 규정 삭제 등으로 인해 다

1990년대의 다세대주택(반지하+4층) ©박기범 2000년대의 다세대주택(필로 티+4개 층) ©박기범

가구주택 수준으로 다세대주택을 지을 수 있게 되었다. 이러한 건축규제를 완화한 것이 다세대주택 활성화의 결정적 계기가 되었다.

다세대주택은 법상 공동주택이기 때문에 분양을 해야 하지만 주택임대사업자 등록을 하면 분양하지 않고도 다가구주택처럼 임대가 가능하다. 집주인 입장에서는 분양 수익이 아닌 임대수익을 낼 수가 있다. 다만 이 경우 집주인은 다주택자로 분류된다. 반면 분양을 목적으로 하는 집장수의 입장에서는 임대보다는 분양 후 초기 투자비를 회수하는 것이 사업성 측면에서 유리하기 때문에 다세대주택을 선호하게 된다. 이러한 여러 가지 사유로 인해 다세대주택이 동네에서 터줏대감으로 자리 잡았다.

2000년 이후 다세대주택이 이전과 달라진 점은 반지하가 사라지고 1층 필로티 주차장이 보편화되었다는 사실이다. 주차장 설치 기준 강화와 지하주거를 억제하기 위한 층수 규제로 인해 더 이상 중간주택에서 반지하의 명맥을 이어갈 수 없게 되었다. 지하층이 없다보니 법상 용적률이나 실질적인 용적률이 같다. 제2종 일반주거주거지역의 용적률 상한인 200% 이하로 개발되고 있다. 주거의 질은 높아졌지만 개발 용적은 1개 층 면적만큼 줄어들었다.

규제 완화 덕분에 15년 동안 시장에서 외면 받았던 다세대주택이 부활했다. 이러한 현상 역시 용적률 게임에 따른 결과다. 정책의 변화에 따라 용적률 게임의 규칙이 바뀌면서 동네에 지어지는 주택의 종류가 바뀐 것이다. 정책과 제도는 중간주택에 절대적인 영향을 주는 중요한 요소다.

용적률 게임에서 생활권 계획으로

이미 눈치를 챈 독자들도 있을 것이다. 앞으로 중간주택을 위한 정책은 양적 확대가 아니라 질적 향상에 방점을 두어야 한다는 점을. 중간주택은 용적률 게임에 따라 지어진다고 해도 과언이 아니다. 이러한 용적률 게임은 양적 확대에 치중하고 있다. 이제는 용적률 게임에서 벗어나 주거의 질적 향상을 추구할 수 있는 정책과 제도를 준비할 때가 되었다. 물론 가로주택정비사업을 통해 중간주택 3.0을 조성한다면 중간주택 2.0에서 부족했던 주민공동시설 등을 공급할 수 있을 것이다. 하지만 모든 동네에서 가로주택정비사업을 펼칠 수는 없다. 사업을 하고자 하는 곳에 최근에 지어진 중간주택이 있다면 가로주택정비사업을 추진할 수 없다. 그렇다면 새로 지은 중간주택이 많은 동네에 필요한 것은 주민들이 쉬며 즐길 수 있는 제대로 된 공공건축이다. 동네에 지어진 제대로 된 공공건축물은 중간주택에서 부족한 주민생활공간을 채워줄 수 있다.

공공건축물이 동네 환경에 얼마나 많은 영향을 미치는지 보여주는 국내·외 사례는 많다. 여러 사례 중에서 도서관을 살펴보자. 도서관은 정보와 지식을 제공할 뿐만 아니라 지역 주민을 위한 문화 활동과 평생 교육의 장이 되기 때문에 지역민의 삶에 선한 영향력을 미치는 소중한 자산이다.

좋은 공공건축이 동네를 바꾼 해외 사례로 자주 등장하는 콜롬비아의 메데인Medellin에 건립된 도서관이 있다. 마약으로 악명 높은 도시가 공공건축 혁신을 대표하는 도시로 부상했다. 당시 시장이었던 세르히오 파하르도Sergio Fajardo가 하루걸러 수돗물이 나오고 저녁이면 수시로 전기가 끊기는 판자촌으로 이루어진 빈민가에 모더니즘 스타일의 도서관·주민회관을 짓도록 했다. 건축가 히잉카를로 마산티Giancarlo Mazzanti가 설계한 이 건축물은 빈민가의 동네 환경뿐만 아니라 지역 주민의 삶을 바꾸어 놓았다.

리처드 세넷은 《짓기와 거주하기: 도시를 위한 윤리》(임동근 해제, 김병화 옮김, 김영사, 2020)에서 '파르케 비블리오테카 에스파냐Parque Biblioteca España'라 불리는 도서관이 마약과 폭력의 도시를 시민 건축의 본거지로 이끌어냈다고 소개한다. 도서관은 서로에 대한 공포심으로 고립되어 살던 사람들을 이어주는 매개체가 되었다고 한다. 도시 및 건축 분야 전문가가 아닌 일반인의 시각에서 도서관이 동네 아이들의 삶을 어떻게 바꾸었는지 보여주는 책도 있다. 작가는 직접 메데인에 있는 도서관을 방문하고 《도서관을 훔친 아이Barro de Medellin》(알프레도 고메스 세르다 지음, 김정하 옮김, 풀빛미디어, 2018)를 출간했다. 책은 교육 사각지대에 거주하는 두 아이에게 도서관이 어떤 희망을 주었는지 잘 묘사하고 있다.

국내에도 동네를 바꾼 도서관 사례가 있다. 2018년 9월 4일 서울특

메데인 도서관

출처: wikimedia commons

별시 은평구 구산동에 있는 구립 구산동 도서관 마을 마당에서 의미 있는 행사가 열렸다. 대통령 소속 국가건축정책위원회가 대통령께 "동네 건축 현장을 가다"라는 주제로 동네건축 혁신 방안을 보고하는 자리가 마련되었다. 대통령 보고 행사를 중간주택이 밀집된 동네에 만들어진 작은 도서관에서 개최한 것이다.

구산동 도서관에 들어가면 기존 동네 공공도서관과 달라서 당황하게 된다. 칸막이 열람실, 사서의 감시, 정숙한 분위기라고는 찾아보기 어렵다. 책을 빌리거나 입시와 취업을 위해 공부하는 도서관이 아니다. 복도에 마련된 서가에서 책을 골라 방으로 들어가서 책을 읽는다. 약 50개의 방에서 아이들에게 소리 내어 책을 읽어주고, 엄마들이 모여 책 이야기를 나누고, 아이들이 깔깔거리며 만화책도 보지만 그 누구도 눈치를 주거나 눈치를 보지 않는다.

은평구립구산동도서관마을

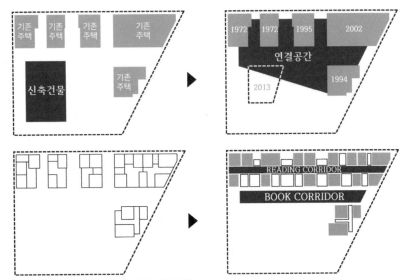

개념 다이어그램 자료제공: 디자인그룹오즈건축사사무소

중간주택이 밀집된 동네에 지어진 은평구립구산동도서관마을 전경
자료제공: 디자인그룹오즈건축사사무소 ⓒ황규백

은평구립구산동도서관마을

주차장과 행사장으로 쓰이는 마당
자료제공: 디자인그룹오즈건축사사무소 ⓒ황규백

기존 중간주택의 입면이 남아 있는
로비 공간 ⓒ박기범

서가가 된 기존 동네 골목. 기존 중간주택의 붉은 벽돌 외벽이 그대로 남아 있다. ⓒ김지만

　이처럼 독특한 도서관이 만들어질 수 있었던 것은 창의적인 설계
가 있었기에 가능했다. 기존 주택 8개 동과 1개의 막다른 도로를 포함
한 11개 필지(대지면적 1,572m²) 위에 기존 주택 중 재활용이 가능한 주택
3채와 골목길을 살려서 도서관을 설계했다. 동네의 추억을 간직한 집과
골목을 살려서 지었다. 로비에 들어서면 기존에 있던 집의 외벽과 발코
니를 만날 수 있다. 하중이 나가는 서가는 신축하고 기존 주택의 방에서

책을 읽거나 문화 활동을 할 수 있도록 설계했다. 덕분에 책을 읽는 즐거움과 함께 도서관 이곳저곳을 돌아다니는 즐거움을 덤으로 누릴 수 있다.

이처럼 새로운 도서관이 만들어진 비결은 창의적인 설계만큼이나 도서관을 짓는 방식도 달랐기 때문이다. 초기 기획에서부터 예산확보와 조성 및 운영에 이르기까지 지역 주민들이 참여했다. 지역을 잘 아는 총괄계획가가 공공·주민·건축가의 요구사항을 파악하고 조율하는 역할을 했다. 덕분에 도서관 이용자인 주민 의견이 충분히 반영되었다. 그 결과 남녀노소 누구나 즐길 수 있는 동네 사랑방이 만들어졌다.

초·중·고교가 11개나 있는 구산동에 처음으로 만들어진 공공도서관이다. 도서관 하나가 지역 주민의 삶을 바꾸어 놓았다. 이러한 도서관처럼 좋은 공공건축물이 내 집에서 10분 거리에 있다고 생각해보자. 단순히 동네의 물리적 환경이 나아지는 것에서 나아가 그 동네에 사는 사람들의 삶 그리고 우리 사회의 품격이 높아질 것이다.

이제는 용적률 게임에서 생활권 계획으로 정책 패러다임을 전환할 때가 되었다. 그래야 중간건축의 긍정적인 변화와 더불어 동네에서의 삶에 대한 희망을 기대할 수 있다.

왜 중간주택에
주목하는가

중간주택이 뜨고 있다

〈구해줘! 홈즈〉의 주인공

중간주택에 대한 관심이 늘고 있다. 방송국 예능 프로그램 덕분이다. MBC에서 2019년 3월부터 방영하고 있는 〈구해줘! 홈즈〉는 다양한 집을 구경하는 재미를 준다. 새내기 직장인, 신혼부부, 자녀가 있는 부부, 3대가 함께 있는 가족, 워킹맘, 자매, 외국인 등 다양한 의뢰인이 〈구해줘! 홈즈〉 팀에게 집을 찾아달라고 온다. 의뢰인의 요구는 입지나 가격 외에도 반려동물, 작업실, 공동육아, 상가주택, 조망, 정원, 소음문제 해결 등 다양하다. 나는 방송에서 소개하는 집의 종류에 관심이 갔다. 아파트는 거의 없고 대부분 연립·다세대·다가구·단독 주택과 같은 중간주택이다. 왜 그럴까?

의뢰인이 제시한 예산에 맞춰야 한다는 비용의 문제로 볼 수도 있겠지만 보다 근본적인 이유가 있을 것으로 생각한다. 새로운 공간을 기대하는 시청자들의 눈길을 사로잡기 위한 전략이 아닐까? 아파트는 표준화되어 있어서 소위 평형만 알면 누구나 공간을 머릿속으로 그려볼 수 있다. 뿐만 아니라 각종 부동산 포털에서 아파트의 가격뿐만 아니라 평면도와 내부 사진 등 자세한 정보를 쉽게 구할 수 있다. 특히 신축 아파트의 경우 굳이 현장에 가지 않더라도 '사이버 모델하우스'를 통해 내부 공간부터 마감 재료까지 온라인으로 꼼꼼하게 확인할 수 있다. 굳이 발품을 팔 하등의 이유가 없다.

반면 〈구해줘! 홈즈〉에 소개되는 중간주택들은 발품을 팔지 않으면 내부 공간을 알 수가 없다. 인터넷에서 평면도를 구할 수 없을 뿐만 아니라 면적을 알려줘도 내부 공간의 모습을 상상하기 어렵다. 방송에 소개되는 중간주택은 건축가의 창의력을 담고 있어 형태, 평면, 공간구성 등이 각기 다르기 때문에 발품을 팔아야만 알 수 있다.

집 내부를 영상으로 소개할 때마다 "와~~"라는 감탄사가 저절로 나온다. 프로그램은 2021년 10월 기준으로 130회가 방영되었으며 시청률도 5%대를 유지하고 있다. 〈구해줘! 홈즈〉의 시청률은 출연자가 아니라 창의력이 듬뿍 담긴 중간주택의 힘에서 나온다.

이 프로그램은 아파트가 도시주택의 전부가 아니라는 것을 알리는 역할을 하고 있다. 아파트에 매몰된 우리 주거 문화에 대해 반성하게 만드는 계기가 되고 있다. 그리고 공간을 만드는 건축가의 가치와 소중함이 재조명되고 있다. 방송 덕분에 중간주택에 대한 사람들의 인식이 바뀌고 있다. 방송은 아파트와 차별화된 도시 공동주택의 새로운 길을 찾는데 도움을 주고 있다.

〈구해줘! 홈즈〉 덕분에 새로운 주거에 대한 수요가 늘어난다면 이를 충족시키기 위한 새로운 중간주택의 공급이 늘어나게 될 것이다. 이렇게 된다면 아파트 일변도의 주택 수요를 분산시키는 계기가 될 것이다. 이러한 변화는 주거의 다양성을 통한 우리 사회의 다양성을 높이는 계기가 될 것이다. 만약 이 방정식이 성공한다면 〈구해줘! 홈즈〉에 대한 역사적 평가는 시청률 그 이상이다. 〈구해줘! 홈즈〉 팀은 그간의 공로를 인정 받아 '2021 올해의 건축문화인상'을 수상했다.

젊은 건축가가 설계한 중간주택

방송에 등장하면 좋은 주택이라고 할 수 있을까? 재미를 추구하는 예능 프로그램보다 건축 전문가들이 구독하는 건축 전문지에 실리거나 건축상을 받았다면 좋은 집으로 인정하는 데 이견이 없을 것이다. 건축 전문지에 소개되지 않거나 건축상을 받지 않았다고 해서 나쁜 주택으로 치부하려는 것은 아니다. 과연 전문가들이 인정하는 좋은 집의 조건은 무엇일까?

　〈구해줘! 홈즈〉가 방송되기 훨씬 전에 건축 전문지《건축문화》에서 바람직한 중간주택에 대한 특집 기사를 다룬 적이 있다.《건축문화》 2002년 11월호는 중간주택이 바람직한 도시 주거로 자리 매김하기 위한 방안을 전문가의 입을 통해 제시하고 있다. "도시형 주거: 다세대·다가구주택"이라는 주제 아래 대표적인 집장수 집인 도시형 한옥과 중간주택(다가구주택과 다세대주택)을 비교하는 소주제*를 눈여겨볼 만하다. 약 20년 전의 글을 눈여겨보는 이유는 중간주택이 지향해야 할 바람직한 이정표를 설정하기 위한 전문가들의 담론과 새로운 시도를 하는 중간주택을 소개했기 때문이다. 20년 전 건축가의 작품주택에 주목하던 건축 전문지에서 중간주택을 다룬다는 것은 눈에 띄는 행보였다. 요즘

---

*　소주제는 다음과 같다. "북촌의 교훈과 다세대주택", "대치동의 주거유형 분포조사", "도시한옥과 다세대주택", "다세대주택의 도시적 의미와 제안", "강남의 다세대·다가구 주거지역의 환경과 그 개선방안"

이야 건축가가 자신의 이름을 내걸고 작업한 중간주택을 발표하고 각종 전시나 단체에서 주는 상을 받기 위해 당당하게 출품하지만 당시만 해도 많은 건축가가 자신이 중간주택의 설계자임을 드러내지 않으려는 분위기였다.

건축 전문지에 실린 중간주택은 당시 보편적인 중간주택과 어떤 차이가 있을까? 전문지에 실린 중간주택 역시 집장수가 지은 중간주택과 마찬가지로 개발 용적을 극대화하기 위한 용적률 게임에서 벗어나지 못하고 있었다. 하지만 전문지에 소개된 집에는 비록 작지만 커뮤니티를 회복하려는 시도가 있었다. 공용 로비, 공용 생활공간, 공용 복도, 중정 등 이웃과 어울릴 수 있는 커뮤니티 공간을 두고 있다. 비록 그 공간이 작지만 어울릴 수 있는 공간을 시도했다는 데 의미가 있다. 왜냐하면 작은 단독필지에 중간주택을 지으면서 커뮤니티 공간을 만들어내기 위해서는 설계도 어려울 뿐만 아니라 임대공간의 극대화를 요구하는 건축주를 설득하는 일이 더 어렵기 때문이다. 그 어려운 일을 건축가들이 해내고 있었다.

건축상을 받은 중간주택은 어떨까? 요즘은 동네에서 조금은 달라 보이는, 어딘가 괜찮아 보이는, 건축가의 손길이 닿은 듯 보이는 중간주택이 비교적 많아졌다. 궁금해서 포털에 검색해보면 건축가의 이름이 나오는 경우가 많다. 조금 더 검색해 들어가 보면 젊은 건축가의 작품이라는 것을 확인할 수 있다. 그 중에는 젊은 건축가상 또는 신진 건축사상을 받은 경우도 있다.

매년 문화체육관광부에서는 젊은 건축가상을, 국토교통부에서는 신진 건축사상을 수여하는데 중간주택을 출품한 건축가가 선정된 사례도 많아졌다. 건축상을 받은 젊은 신진 건축가의 포트폴리오에 중간주택이 많은 이유는 무엇일까? 아무래도 설계사무소를 갓 시작한 신진들이 중대형 건축물을 수주하기 어렵다는 점을 고려할 때 이들에게 중간주택은 주요 수주 대상일 수밖에 없다. 자신의 건축언어를 당당히 선보일 수 있는 좋은 무대가 중간주택이다.

요즘 젊은이들은 임대료가 조금 비싸더라도 여건이 허락한다면 잘 지은 개성 있는 중간주택을 선택한다. 그래서 건축주는 유명한 건축가에 비해 설계비는 상대적으로 낮지만 혼신을 다해 좋은 집을 만들어내는 젊은 건축가들에게 설계를 의뢰하게 된다. 여기에 상을 받은 건축가가 설계한 중간주택이라면 집을 구하는 입장에서는 신뢰도가 높아진다.

건축상을 받은 건축가의 중간주택은 대부분 전문사진가가 촬영했기 때문에 저작권으로 인해 이 책에 전체를 소개하지 못한다. 다행히도 2008년부터 2020년까지 젊은 건축가상을 받은 작가와 중간주택에 대한 아카이브가 구축되어 있다. 상을 받은 건축가 약력과 이메일 주소, 소속 사무실 홈페이지, 포트폴리오에 포함된 중간주택에 대한 정보와 사진을 보고 싶다면 '젊은 건축가상 홈페이지www.youngarchitect.kr'에 접속하면 된다. 건축 전문지에도 자주 소개되었으며 인터넷 검색으로 건축가를 입력하면 건물 사진과 설명을 확인할 수 있다.

건축상을 받거나 건축 전문지에 소개된 중간주택은 미학적인 측면은 물론 주변과 관계, 커뮤니티, 입주자의 생활 패턴을 예측한 평면 디자인 제시 등 바람직한 도시공동주택에 필요한 요소를 담아내고 있다. 그리고 이러한 중간주택을 각종 미디어를 통해 접할 수 있는 기회가 점점 늘어나고 있다. 〈구해줘! 홈즈〉 후속으로 집과 관련된 예능 프로그램이 늘고 있다. 요즘은 건축 전문지는 물론 신문이나 포털에서도 중간주택을 소개하고 있다. 인스타그램과 같은 소셜미디어도 좋은 중간주택의 확산에 일조하고 있다.

소형 주택의 주요 공급원

예능 프로그램, 건축 전문지, 신문 덕분에 일부 중간주택은 그 가치를 인정받고 있지만 여전히 중간주택은 건축계로부터 부정적 평가를 면치 못하고 있다. 하지만 건축계의 박한 평가와 달리 주택 시장의 평가는 다르다. 중간주택을 찾는 수요층은 여전히 많다.

서울시 통계 《한눈에 보는 서울 2019》(서울특별시, 2020)에 따르면 청년층(18~34세)의 84.1%가 전·월세로 거주하고 있다. 서울시 전체의 전·월세 비중이 54.1%라는 점을 감안하면 높은 비율이다. 청년층에게 필요한 집은 전·월세로 살 수 있는 저렴한 양질의 소형 임대주택이다.

현 상황에서 청년층에게 양질의 공공임대 아파트를 충분히 공급하는 것이 최선의 주거복지다. 하지만 공적 재정과 가용부지의 한계를 고려하지 않을 수 없다. 설령 공공임대 아파트 공급을 위한 가용 부지를 확보하더라도 지역 주민의 반대로 사업추진이 중단되거나 지연되는 사례*가 빈번하게 발생한다. 어렵게 지역 주민 합의를 이끌어내더라도 설계하고 공사를 거쳐 입주하려면 2~3년 소요된다.

민간 아파트 단지에서 재건축을 통해 소형 임대 아파트 공급량을 늘리는 것 역시 녹록치 않다. 이미 용적률이 높아 추가로 공급할 수 있는 양이 적다. 게다가 사업성을 중시하며 임대주택을 기피하는 조합이 소형 임대주택 공급을 늘릴 리 만무하다.

결국 도시 청년층을 위한 주거 대안은 중간주택이다. 중간주택은 도시에서 엄청난 비중을 차지하고 있다. 국토교통부가 제공하는 도시

---

* KBS, 〈청년임대주택이 빈민아파트?…"부끄러운 줄 아세요"〉, 2018년 4월 6일 방송. 청년임대주택을 빈민 아파트로 칭하며 건립 시 주택가격 하락을 우려하여 반대 성명서를 서울시에 제출한 사건

계획 통계[**]에 따르면 서울시 내에서 중간주택이 주로 지어지는 제2종 일반주거지역의 대지면적 합계는 약 1억4,100만㎡다. 그 중에서 층수가 7층 이하(7층 이상은 아파트 단지로 개발)로 규정된 제2종 일반주거지역의 대지면적[***]은 약 8,578만㎡로 약 60%를 차지하고 있다. 이 땅에 용적률 평균 200%의 중간주택이 지어졌다고 가정한다면 약 1억7,156만㎡의 주거공간이 만들어진다. 세대당 면적을 약 50㎡(일반적인 다세대주택 57㎡와 다가구주택 37㎡의 평균)로 산정하면 약 343만 세대를 수용할 수 있는 엄청난 양이다. 용적률 상한 150%로 중간주택을 지을 수 있는 제1종 일반주거지역(대지면적 합계 약 6,734만㎡, 용적률 150% 적용 시 개발가능한 주거공간 1억100만㎡, 50㎡ 주택으로 개발할 경우 202만 가구 공급)을 제외한 수치다. 중간주택은 절대 얕볼 대상이 아니다.

중간주택의 또 다른 가치는 바로 소형주택의 주요 공급원이라는 점이다. 국토교통부가 제공하는 통계누리를 통해 중간주택의 가치를 확인할 수 있다. 2011년부터 2020년까지 10년 동안 서울시에 준공된 연면적 60㎡ 이하 주택 중에서 다가구·다세대주택의 비중은 평균 약 70%를 상회한다. 세대당 평균 면적을 살펴보면 다세대주택은 57㎡, 다가구주택은 37㎡로 중간주택은 소형주택의 공급을 책임지고 있다.

최근 들어 소형 임대주택 공급이 줄어들고 있다. 국토교통부가 제공하는 통계에 따르면, 서울시에 최근 10년 동안 준공된 주택은 다세대주택과 아파트가 대세다. 그런데 최근 5년간 통계에 큰 변화가 생겼다. 다세대주택의 공급량이 2016년을 정점으로 급격히 줄어들고 있으며, 반대로 아파트 공급량은 급증하고 있다. 2020년을 기준으로 지난

**   토지e음(eum.go.kr), 도시계획통계, 2020년 도시계획현황통계
***   서울 열린데이터 광장(data.seoul.go.kr), 서울시 용도지역 현황 통계

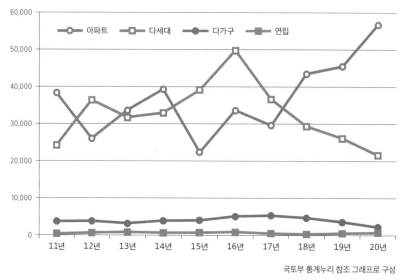

주거유형별 준공 호수

아파트 ── 다세대 ── 다가구 ── 연립

국토부 통계누리 참조 그래프로 구성

5년을 비교해보면 다세대주택은 약 50,000세대에서 22,000세대로 줄었다. 반면 아파트는 5년 만에 22,000세대에서 57,000세대로 늘었다.

　다세대주택의 공급 물량 감소는 가용 토지의 부족, 다세대주택의 사업성 저하, 다세대주택에 대한 수요 감소, 관련 세금 변동 등 여러 가지 원인이 있을 수 있다. 중요한 것은 소형 주택의 주요 공급원인 다세대주택의 공급량이 줄어들고 있다는 점이다.

　청년층의 주머니 사정과 1인 가구의 증가 등을 감안한다면 이 시점에서 정부 정책은 양질의 소형 임대주택 공급을 늘리는 것에 방점을 두어야 한다. 선진국들처럼 보조금 등 각종 지원을 통해 주거 다양성을 유지하는 것이 중요하다. 그리고 중간주택이 몰려있는 동네 환경의 개선을 통해 거주의 질을 높이는 것도 함께 검토되어야 한다.

중간주택의 가능성을 확인했다. 그럼에도 여전히 5층 이하의 중간주택을 허물고 그 자리에 고층 아파트단지를 지으면 주택 공급량도 늘리고 주거환경도 개선할 수 있다고 생각하는 사람이 많을 것이다. 하나는 맞고 하나는 틀리다.

우선 주택 공급량을 늘릴 수 있다는 생각은 틀렸다. 이런 생각은 중간주택에 대한 분석 없이 주택의 겉모습만 보고 내린 성급한 판단이다. 층수가 높으면 당연히 용적률도 높을 것이라는 선입견때문이다. 1990년대에 지어진 중간주택의 실질적인 용적률(지하층 포함)은 요즘 지어지는 고층 아파트 단지의 용적률과 크게 차이 나지 않는다.

서울시의 용적률 상한을 살펴보면 제2종 일반주거지역은 200%, 제3종 일반주거지역은 250%이다. 제3종에 지어지는 아파트가 제2종에 지어지는 중간주택보다 용적률이 50%가 더 높다. 수치만 보면 용적률 50%를 더 높일 수 있다.

하지만 용도지역 세분화 이전인 1990년대 주거지역의 용적률은 300%로 현재 제3종 일반주거지역의 용적률 250%보다 50% 더 높았다. 단독필지에 지어지는 중간주택의 경우 법적인 용적률 상한을 채우기는 어려웠지만 실질적인 용적률은 300% 수준으로 지어졌다. 어떻게 이런 고밀이 가능했을까?

건폐율 60%로 지어진 4층 다세대주택의 법상 용적률은 240%(60%×4층)이다. 그런데 용적률에는 포함되지 않는 반지하를 포함시키면 실질적인 용적률은 300% 수준으로 높아진다. 중간주택의 용적률이 요즘 지어지는 고층 아파트보다 높다. 물론 모든 중간주택이 용적률 300%로 개발된 것은 아니다. 대지 여건에 따라 용적률이 더 낮은 경우도 있지만 1990년대에 지어진 중간주택의 실질적인 용적률은 현재 고층 아파트 단지의 용적률과 유사하다. 용적률이 높을 뿐만 아니라 중간주택은 소형 평형의 세대를 주로 공급하기 때문에 중대형 평형으로 구성된 아파트에 비해 밀도가 더 높다. 그러다보니 중간주택은 도시주거 중 가장 고밀환경에 놓여 있다. 문제는 고밀에 따른 주거환경의 질적인 측면에 대한 고민이 부족했다는 점이다.

중간주택을 아파트 단지로 개발하면 주거환경이 개선된다는 생각은 맞다. 고밀로 지어져 주거환경이 좋지 않은 중간주택을 밀어버리고 아파트 단지를 조성하면 주택은 늘어나지 않겠지만 양질의 외부공간이나 주민 공동시설을 공급하는 효과는 기대할 수 있다. 중간주택의 흩어진 외부공간을 모으면 제법 쓸 만한 외부공간을 조성할 수 있으며, 아파트 단지를 조성한다면 기준에 따라 최소한의 커뮤니티 공간이 조성되기 때문이다.

중간주택의 주거환경이 열악하게 된 데는 이유가 있다. 용적과 밀도를 높이는데 치중하다보니 주거환경에 대해서 고민할 여유가 없었다. 중간주택이 주택공급 부족을 해결하는데 기여한 것은 사실이다. 그러나 단독필지에 고밀로 공급하다보니 그저 살기 위한 기계에 불과한 주택을 지어온 것이다. 건축상을 받거나 건축 전문지에 소개된 집은 그나마 주택 내부에 공용공간을 두는 등 주거환경을 개선하기 위한 노력이 있었다. 하지만 대부분의 중간주택은 거주의 질적인 측면을 고려하지 못했다. 소득이 높아지고 삶의 질에 대한 기대치가 높아진 만큼 동네의 주거환경을 바꾸는 일을 지금부터 시작해야 한다.

앞에서 이야기한(30쪽) 파리시의 15분 생활권 계획이 바로 동네 환경을 바꾼 사례이다. 우리나라에서도 이미 동네 환경을 바꾸기 위한 정부 정책이 실행되고 있다. 대표적인 것이 동네에 공공시설을 확충하는

공공도서관
'19 1.123 +87개 '20 1.210

생활문화센터
'19 183 +151개 '20 334

체육관
'19 1.159 +130개 '20 1.289

수영장
'19 469 +54개 '20 523

국·공립 어린이집
'19 4.324 +634개 '20 4.958

다함께돌봄센터
'19 173 +251개 '20 424

고령자 복지주택
'19 3.700 +1.300개 '20 5.000

공공요양시설
'19 323 +17개 '20 340

군단위 LPG배관망
'19 25.836 +13.869세대 '20 39.705

주거지주차장
'19 6.000 +4.800개 '20 10.800

생활 SOC 추진단에서 발표한 생활 SOC 공급 확대 안내도.
2019년에서 2020년 1년 동안의 성과이다. 출처: 생활 SOC 추진단 홈페이지

생활 SOC 사업이다. 기존 SOC가 도로, 철도, 공항, 교량, 항만 등의 대규모 토목 기반시설이라면, 생활 SOC는 도서관, 어린이집, 공원 등 생활에 필요한 생활 편의 시설이다.

동네 생활 SOC의 공급량을 늘리고 동시에 품질을 높이기 위한 정책이 문재인 정부 출범과 함께 시작되었다. 국무조정실에 생활SOC추진단(단장: 국무조정실장, 기획총괄과 등 4개과)이 만들어졌고 체육, 문화, 기반시설, 자녀돌봄, 취약계층, 공공의료, 안전 등 7개 분야별로 시설 접근성 등을 높이기 위한 '생활 SOC 3개년 계획'도 수립했다. 투자재원은

2019년 8조원에서 2021년 11조원으로 늘어났으며, 예산이 늘면서 공공도서관, 체육관, 수영장, 어린이집, 문화센터 등 주요 생활 SOC의 공급도 늘어났다. 조직과 예산이 갖추어지고 계획안이 만들어졌으니 동네를 바꾸는 필요조건은 갖춘 셈이다. 비록 짧은 기간이지만 그 동안의 관련 정책 및 성과 등은 생활SOC추진단 홈페이지www.lifesoc.go.kr에서 확인할 수 있다. 실체가 보고 싶다면 지방중소도시 경상북도 영주시를 방문해 볼 것을 권한다. 영주시는 공공건축의 혁신을 통해 환경을 개선하고 주민들의 삶의 질을 높였다. 영주시 공공건축의 성과는 각종 건축상을 휩쓰는 기염을 토했다.

사소해 보이지만 양질의 생활 SOC가 늘어나는 것은 단순히 공공건축이 늘어나는 것에 그치지 않는다. 동네 주민들은 생활 SOC에서 느슨함을 즐길 수 있게 된다. 이런 느슨한 공간에서 삶의 여유와 창의력이 생겨난다는 것이 뇌과학자들의 주장이다. 잘 지어진 생활 SOC는 동네의 물리적 환경이 나아지는 것에서 나아가 그 동네에 사는 사람들의 삶의 질과 동네의 품격을 높이는 기회가 된다. 중간주택이 밀집한 동네에 사는 사람들의 삶의 질을 높이기 위해서는 중간주택뿐만 아니라 생활 SOC의 양적 확대와 질적 향상이 동반되어야 한다.

동네의 재발견

다양성의 보고

중간주택의 또 다른 가치는 중간주택이 지어지는 동네에 있다. 도시적
관점에서 동네는 엄청난 잠재력을 가지고 있다. 국내외 전문가들은 동
네의 잠재력은 '다양성'이라고 한목소리를 내고 있다.

　이미 오래 전에 동네가 가진 다양성의 가치를 인식하고 확산시키
기 위해 노력한 사람이 있다. 바로 제인 제이콥스Jane Jacobs다. 그가 근대
건축의 불합리한 문제와 이에 대한 해법으로 제시한 처방전의 핵심은
'다양성을 갖춘 도시The generators of diversity'이다. 《미국 대도시의 죽음과
삶The Death and Life of Great American Cities》(N.Y. Random House, 1968)은 60년 전
에 출판되었지만 여전히 많은 전문가의 참고서가 되고 있다. 국내에서
도 동네가 가진 다양성의 가치에 주목하는 학자가 늘어나고 있다. 도시
나 건축분야 뿐만 아니라 정치, 경제, 사회, 문화 분야에서도 동네의 다
양성에 관심을 가지고 있다.

　동네의 다양성은 여러 측면에서 발견할 수 있다. 우선 건축물 자체

아파트, 다세대·다가구주택, 상가 등 지어진 시기와 용도가 다른 건물이 어우러진 동네 풍경 ©박기범

의 다양성이다. 동네에 지어지는 건축물은 대부분 중간주택이지만 지어진 시기, 형태, 규모, 평면이 모두 다르다. 이러한 다양성은 사람들의 재정 사정이나 가족 구성 등 저마다의 수요에 대응할 수 있다. 주택의 다양성은 사람들의 다양성에서 나아가 동네의 다양성으로 이어진다.

동네의 다양성은 거주자의 다양성으로 연결된다. 특히 이러한 다양성은 새로운 산업의 발전과도 밀접하게 관련을 맺고 있다. 게임 산업을 예로 들면 기획자, 서버 개발자, 엔지니어, 프로그래머, 프로듀서, 디자이너, 음악가, 번역가, 금융·보안·마케팅 분야 전문가 등 여러 분야의 인재가 필요하다. 도시의 주거 다양성이 떨어지면 거주자도 한정될 수밖에 없고 다양한 직종의 인재 네트워크가 이루어지지 못하고 결국 도시의 활기도 저하된다. 이렇게 되면 다양한 직종의 인재 네트워크를 통한 산업의 발전을 기대할 수 없다.

다음은 용도의 다양성이다. 동네에 지어진 중간주택을 보면 저층부가 가게나 사무실로 이용되는 경우가 있다. 덕분에 동네에는 생활에 필요한 여러 용도의 공간이 함께 어우러지고 있다. 앞에서 설명한 근린생활시설 덕분에 주거, 상업, 업무의 기능이 한데 어우러져 있다. 건물 하나에 용도가 섞이기도 하지만 동네 전체가 여러 용도의 공간으로 채워져 있다. 이러한 동네의 다양성은 아파트 단지에서는 기대하기 어렵다.

동네의 용도 다양성은 동네에 지어지는 중간주택이 시장 환경 변화에 대응할 수 있는 능력을 갖추고 있기에 가능한 일이다. 쉽게 설명하면 중간주택은 시장 수요에 맞게 용도를 단기간에 바꿀 수 있다. 동네 전체가 바뀌는 것이 아니라 개별 대지를 중심으로 중간주택에서 변화가 일어난다. 반지하나 1층을 상가로 리모델링하는 작은 변화가 이루어지고 있다. 다른 한편에서는 단독주택을 허물고 다세대주택을 신축하거나 가로주택정비사업으로 7층짜리 아파트를 짓는 등 중간주택으로의 변화도 이루어지고 있다. 이러한 변화는 대규모 재개발 사업에 비해 의사결정 기간이 짧을 뿐만 아니라 공사 기간도 짧다. 그리고 다양한 용도의 가게도 입점할 수 있다. 동네가 경제 상황 등에 맞게 점진적으로 바뀐다. 그리고 수요에 맞추어 언제라도 변할 준비를 하고 있다.

우리는 근대주의를 받아들이면서 동네가 가진 이러한 잠재력을 인정하지 않았다. 오히려 동네에 지어진 각기 다른 연식의 건축물과 입점한 가게들을 곱지 않은 시선으로 바라보며 거주환경을 해친다고 생각했다. 그래서 얼른 재개발해야 한다고 주장했다. 근대주의 관점에서는 동네가 가진 다양성이라는 가치가 보이지 않았기 때문이다.

몇 년 전부터 사람들이 동네의 가치에 주목하기 시작했다. 특히 젊

주택 반지하나 1층이 카페나 음식점이 되기도 하고 집 앞이나 골목을 작은 화분으로 꾸미는 사람이 있는가 하면 어떤 곳에는 새로운 집이 지어지고 있다. 동네에서는 끊임없이 크고 작은 변화가 일어난다.
©박기범

왜 중간주택에 주목하는가

은이들이 동네에 모여들고 있다. 서울에서 소위 '핫 플레이스'라고 불리는 곳은 대부분 중간주택이 밀집한 동네이다. 이제야 각 분야의 전문가들도 동네의 가치를 분석하기 시작했다.

동네의 다양성은 포털에서 제공하는 지도를 보면 확연하게 드러난다. 송파구의 송리단길과 인접한 가락삼익맨션아파트(936세대, 재건축 예정)의 용도를 비교해보자. 송리단길의 경우 약 400m의 거리를 따라서 맛집으로 소문난 다양한 가게와 어린이집, 공인중개사, 편의점, 미용실, 약국, 헤어숍 등이 모여 있다. 덕분에 송리단길은 주중과 주말, 주간과 야간에 늘 사람으로 북적인다. 송리단길에서 동서 방향으로 분기한 골목에는 주택이 밀집되어 있다. 반면 300×200m 규모의 가락삼익맨숀아파트의 경우 대부분 아파트이며 비주거는 유치원과 단지 내 상가(공인중개사, 마트, 인테리어, 음식점 등)에 불과하다. 다른 아파트 단지의 용도역시 가락삼익맨숀아파트와 유사하다. 이들 아파트 단지 주변의 길은볼거리와 먹거리가 없다보니 늘 썰렁하다. 왜 우리가 중간주택이 밀집되어 있는 동네에 관심을 가져야하는지 사유가 확연하게 드러난다.

근린생활시설과 골목상권

19세기 유명했던 프랑스 판화가 구스타프 도레Gustave Doré의 작품에 묘사된 도시는 공장 굴뚝에서 뿜어져 나오는 연기, 공장 폐수와 생활 오수, 도시로 몰려드는 사람으로 가득하다. 영화 〈향수Perfume〉는 산업혁명당시 파리의 환경을 적나라하게 영상으로 보여준다. 습하고 더럽고 비좁은 도시는 전염병 창궐의 온상이 되고 말았다. 도시민들은 부족한 주거의 수와 열악한 주거환경에 시달렸다.

서울시 용도지역 지도

노란색은 주거, 빨간색은 상업, 보라색은 공업, 초록색은 녹지 지역을 의미한다. 출처: 네이버지도

당시 진보주의자들에게 열악한 도시환경을 개선하는 것은 시대정신이며 소임이었다. 진보주의자들이 제안한 해법은 바로 땅의 쓰임새를 철저하게 구분하는 것이었다. 땅마다 쓰임새를 정하고 그 위에 들어설 수 있는 건축물의 용도와 규모를 규제하는 것이다. 주거, 상업, 공업, 녹지 지역으로 땅의 쓰임을 분리하는 '용도지역zoning 제도'가 시작되었다.

서양의 도시계획을 타자적 관점에서 검토할 여유가 없었던 우리는 서양의 계획이론을 일방적으로 수용했다. 서양의 용도지역 제도는 우리 도시계획의 근간이 되었다. 용도지역 제도는 지금도 도시 정비나 신도시 조성에 그대로 적용된다.

서울시 용도지역 지도를 보면 여러 가지 색깔이 칠해져 있다. 색깔은 땅의 쓰임새 즉 용도지역을 의미한다. 노란색은 주거, 빨간색은 상업, 보라색은 공업, 초록색은 녹지 지역을 의미한다. 색깔에 따라서 그 위에 지어지는 건축물의 용도와 규모를 법으로 제한하고 있다.

우리나라는 "국토의 계획 및 이용에 관한 법률"에서 용도지역을 규

도시 지역	주거 지역	전용주거지역	제1종 전용주거지역
			제2종 전용주거지역
		일반주거지역	제1종 일반주거지역
			제2종 일반주거지역
			제3종 일반주거지역
		준주거지역	-
	상업 지역	중심상업지역	-
		일반상업지역	-
		근린상업지역	-
		유통상업지역	-
	공업 지역	전용공업지역	-
		일반공업지역	-
		준공업지역	-
	녹지 지역	보전녹지지역	-
		생산녹지지역	-
		자연녹지지역	-

정하고 있다. 도시지역, 관리지역, 농림지역, 자연환경보전지역으로 구분된다. 그 가운데 건축물이 가장 많이 몰려있는 도시지역은 주거(전용, 일반, 준), 상업(중심, 일반, 근린, 유통), 공업(전용, 일반, 준), 녹지지역(보전, 생산, 자연)으로 다시 구분된다. 특히 주거지역은 보다 효율적으로 관리하기 위해 세분화되는데 이를 전문 용어로 '종세분화'라고 부른다.

주거지역은 전용주거지역, 일반주거지역, 준주거지역으로 구분된다. 전용주거지역은 다시 제1종과 제2종으로, 일반주거지역은 제1종부터 제3종까지 더 촘촘하게 세분화된다. 우리가 알고 있는 대규모 아파트 단지는 대부분 제3종 일반주거지역이며, 중간주택이 밀집한 동네는 대부분 제2종 일반주거지역이다.

내가 살고 있는 집의 용도지역을 알고 싶다면 토지e음^{eum.go.kr}에 접

용도지역 정보

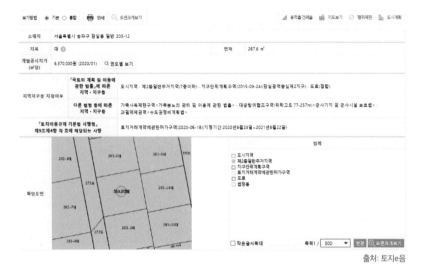

출처: 토지e음

속해서 지번만 입력하면 바로 확인할 수 있다. 해당 대지의 용도지역뿐만 아니라 건축 가능한 건축물의 용도 등 각종 규제를 바로 확인할 수 있다.

용도지역제에 따라 삶터와 일터가 분리된 덕분에 공해 문제로부터 주거환경은 지켜냈다. 하지만 기능별로 땅의 용도를 철저하게 분리하니 문제점이 나타나기 시작했다. 업무시설이 밀집된 도심의 경우 낮에는 직장인으로 붐비지만 밤이나 주말이 되면 썰렁하다. 반면 아파트 중심의 신도시Bed-Town를 보면 낮에는 사람이 없지만 밤이나 주말에는 사람이 북적인다. 자족기능을 갖추지 못한 신도시의 경우 용도 분리에 따른 토지이용의 비효율성이 자못 심각하다.

용도지역제로 인해 주거지역에는 주택만 지을 수 있으며 가게나 사무실 등은 상업지역에 지어야 한다. 그런데 주거지역인 동네에는 주택뿐만 아니라 빵집, 의원, 약국, 분식점, 학원, 커피숍, 식당, 문구점, 아이스크림 가게, 부동산 중개소 등도 함께 있다. 어떻게 가능한 것인가?

국토의 계획 및 이용에 관한 법률은 이러한 생활 편의시설들이 주거지역에 지어질 수 있도록 허용하고 있다. 동네에서 쉽게 만날 수 있는 이러한 생활 편의시설을 건축법 시행령에서 '근린생활시설'로 정의하고 있다. 근린생활시설은 생활에 꼭 필요한 용도*여야 하며 동시에 규모 제한**이 있다. 이러한 제한을 통해 주거지역에 지어질 수 있도록 허용함으로써 생활의 편의를 제공한다.

생각보다 근린생활시설의 종류는 엄청나게 많다. 생활에 필요한 모든 종류의 용도가 근린생활시설에 포함되어 있다. 법에 규정된 종류만 75가지나 되는데, 식품·잡화·의류·완구·서적·건축자재·의약품·의료기기 등은 소매점으로 분류하고 있어 이를 더욱 세분화한다면 근린생활시설의 종류는 수백 종에 이른다. 근린생활시설 덕분에 상업지역에 있어야 할 용도가 주거지역에 자리 잡을 수 있게 되었다. 근린생활시설은 용도 분리의 문제를 극복할 수 있는 수단이 되었다. 근린생활시설은 대부분 4~5층 규모의 상가건물이나 중간주택의 1층에 자리한다.

주거와 비주거의 용도혼합은 동네에 활력을 불어넣는 요소가 되고 있다. 중간주택만 밀집한 동네와 달리 다양한 용도가 섞여 있는 동네는 분위기가 다르다. 주거와 결합된 소비와 생산 기능, 낮과 밤 그리고 주중과 주말의 고른 공간 이용 등을 통해 동네 생활권이 형성되었다. 근린생활시설이 결합된 상가주택은 용도 분리의 문제를 극복하고 다양성을 높이는 토대가 되고 있다.

코로나19로 인해 동네 근린생활의 가치를 재확인하는 기회가 되었

---

*   미용원, 세탁소, 의원, 치과의원, 한의원, 지역아동센터 등은 면적에 상관없이 근린생활
        시설로 분류
**   용도별로 면적이 다르지만 150, 300, 500, 1,000㎡를 기준으로 분류

다. 코로나19로 외출이 조심스러운 때에 그나마 동네에서 숨통을 틔워 준 곳이 바로 주택을 배후로 둔 지역에 있는 근린생활시설이다. 코로나19 이후 이동이 제한되고 재택근무가 늘면서 생활 반경이 집 근처로 축소되었다. 내 집을 중심으로 하는 동네에서 보내는 시간이 많아지게 되면서 오피스의 공실률은 높아지고 업무시설 주변 상권은 쇠락하게 되었다. 반면 주거지를 배후로 둔 동네 가게의 매출은 늘어났다. 코로나19는 골목 생태계의 부활을 촉발하는 계기가 되었다.

동네 골목상권이 성장하고 있다는 구체적인 데이터가 있다. 롯데카드에서 2020년 3월부터 4주 동안 10만 명을 표본으로 카드 사용 내역을 분석한 결과를 발표했다. 전체 오프라인 결제 건수는 지난해 같은 기간에 비해 6.9% 감소했다. 그런데 집으로부터 반경 500m 안에서 결재한 건수는 8% 증가한 반면 3km 밖은 12.6% 감소했다.

집에서 걸어 다닐 수 있는 골목상권이 중요해지는 시대가 왔다는 것을 보여주는 중요한 지표다. 물론 코로나19가 종식되면 바뀔 수도 있겠지만 중요한 점은 유사한 위기가 왔을 때 동네에서 해법을 찾을 수밖에 없다는 점이다. 동네는 새로운 변화를 수용할 수 있는 충분한 역량을 가지고 있다.

길모퉁이의 마법

5층 내외의 건축물이 길을 따라 쭉 이어져 있고, 그 건물들 사이에 있는 골목을 자동차 눈치를 보지 않고 느릿느릿 편하게 걸었던 유럽 어느 도시의 거리. 걷다가 마주하는 시선을 잡아끄는 가게, 배는 고프지 않지만 잠깐 앉아 무어라도 먹고 가라고 유혹하는 작은 레스토랑, 노천카페에

다양한 상점, 노천카페가 걷는 즐거움을 주는 유럽 도시의 거리 ⓒ박기범

앉아 사람 구경하는 재미… 거리를 걸으며 예상치 못한 장소나 가게를 발견하게 된다. 특히 1층 가게에서 새어나오는 은은한 불빛, 따뜻한 온기, 맛있는 향기, 아름다운 상품 등에 눈, 코, 귀, 입 등이 저절로 향한다.

　대로변에서는 느끼지 못하는 골목에서의 편안함과 즐거움은 어떻게 만들어지는 것일까? 답은 블록의 길이와 도로 너비에 있다. 블록의 길이가 짧아 길모퉁이가 많고 길이 좁아서 길 양편의 가게를 둘러보는 데 편하다.

　그렇다면 블록의 길이는 어느 정도가 적당할까? 바르셀로나, 비엔나, 파리 등 걷기 좋은 도시로 소문난 유럽 도시의 블록의 크기는 100×100m 내외다. 뉴욕의 명소 그리니치빌리지와 미국인이 가장 살고 싶어하는 도시 포틀랜드 역시 블록의 크기는 100×100m를 넘지 않는다.

　이처럼 보행이 즐거운 도시는 국내에도 있다. 언제부턴가 골목을 따라서 개성 있는 가게들이 하나둘씩 들어서면서 그 골목을 찾는 사람들이 늘어났다. 그리고 이런 동네를 '핫 플레이스'라고 부른다. 홍대, 연

동네의 재발견

❶ 록펠러센터의 블록
❷ 바르셀로나의 블록
❸ 포틀랜드의 블록   구글 항공사진에 작업

남동, 익선동, 가로수길, 경리단길, 송리단길 등이 대표적인 서울의 핫
플레이스이다.

핫 플레이스는 대부분 중간주택이 입지하고 있는 동네에 만들어지
고 있다. 핫 플레이스가 생겨난 동네의 블록은 대부분 약 50×100m로
걷기 좋은 유럽 도시의 블록과 닮아 있다. 블록 사이의 길은 자동차 두
대가 교차할 수 있는 6m 내외이며, 그보다 더 좁아서 차량 출입이 불가
능한 골목도 있다. 길모퉁이가 많은 동네가 골목상권의 최적지로 부상
하고 있다.

도시의 모든 블록이 짧은 것은 아니다. 아파트 단지가 있는 블록은
슈퍼블록이라고 불릴 정도로 대규모이다. 송파구 헬리오시티 단지의
블록은 900×500m에 이른다. 재건축을 추진하고 있는 강동구 둔촌주

아파트 단지와 동네 지적 비교, 압구정동 아파트

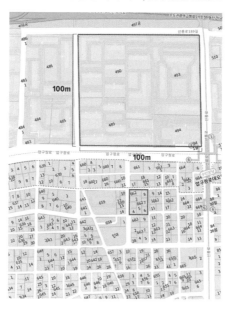

아파트 단지와 동네 지적 비교, 헬리오시티

네이버 지적도에 작업

동네의 재발견

공아파트 역시 850×700m의 슈퍼블록이다. 과거 아파트 지구로 지정되었던 잠실, 압구정, 청담·도곡지구에 위치한 대부분의 아파트 단지도 대규모 블록으로 구획되었다.

아파트 단지를 둘러싼 도로나 단지 내 도로에서는 앞서 동네 골목에서 누렸던 보행의 즐거움이 없다. 단지 밖 도로를 걸어보자. 한편에는 엄청난 속도로 달리는 자동차가 가득한 도로가 있고 다른 한편에는 아파트 담장이 쭉 이어 있다. 주변을 둘러보기보다는 빠른 속도로 이동해야 한다.

도시사회학자인 리처드 세넷은 《짓기와 거주하기: 도시를 위한 윤리》에서 아파트 단지로 조성할 경우 단지와 가로의 분리로 인해 거리에서의 생활은 존재하지 않는다고 비판했다. 아파트 단지에 핫 플레이스가 생겨나지 않는 데는 그만한 이유가 있었다.

주택 수요자들이 아파트 브랜드 열풍에서 벗어나지 않는 이상 대형 아파트 단지는 계속 만들어질 것이다. 걷기 좋은 조건을 갖춘 동네들이 재개발된다면 소형주택이 줄어드는 문제만 있는 게 아니다. 도시에서 보행의 즐거움을 누릴 수 있는 장소도 덩달아 줄어든다. 결국 도시의 다양성이 줄어들어 도시의 경쟁력 저하로 이어진다.

이러한 문제를 해결하기 위한 시도가 없었던 것은 아니다. 단지 외곽에 상가를 배치한 아파트 단지가 있다. 동부이촌동, 반포, 압구정동 등에 가면 상가가 길을 따라 배치되어 있다. 이를 전문 용어로 '연도형 상가'라고 하는데 판교 신도시에서도 시도되었다. 2019년 한남동에 준공된 나인원 한남의 경우 최고급 아파트 단지로 철저하게 주변과 단절되어 있지만 대로변에 상점을 배치하는 방법으로 가로에 적극 대응하고 있다. 하지만 12차선 대로로 인해 도로 반대편 가게가 한눈에 들어오지 않을 뿐만 아니라 반대편 가게를 방문하려면 한참을 걸어야 한다. 아

대로변 저층부를 상가로 구성한
나인원 한남 ⓒ박기범

파트 단지가 가로 환경을 말살했다는 것을 반증하는 대목이기도 하다.

우리가 꿈꾸는 가로 중심의 도시 구현 비법은 바로 블록의 길이와 길의 너비에 있었다. 그렇다고 블록이 짧은 동네가 모두 보행의 즐거움을 제공하지는 않는다. 필로티 주차장이 1층을 점유한 동네의 경우 보행의 즐거움을 누릴 수 없다. 짧은 블록의 요건을 갖추더라도 1층이 주택이거나 필로티 주차장일 경우 골목은 살아나지 않는다.

결국 용도혼합과 짧은 블록은 합집합이 아니라 교집합일 때 골목이 부활한다. 짧은 블록으로 구성된 동네가 탄탄한 주거지를 배후로 두고 1층의 용도가 사람들의 시선을 즐거이 받아들일 수 있을 때 골목이 살아난다.

동네의 재발견

다양한 상점이 공존하는 거리

자본으로 무장한 대기업에서 운영하는 프랜차이즈 레스토랑이나 커피숍, 은행, 대형마트 등은 임차료가 비싸더라도 장삿목이 좋은 곳이라면 언제라도 입점할 수 있다. 반면 영세 자본으로 운영되는 작은 서점, 골동품 가게, 갤러리, 악기점, 미술용품점, 분식점 등은 건물의 임차료가 비싸면 입점을 꺼리게 된다. 영세한 소상공인에게 임차료는 입지를 결정하는 데 중요한 요소다. 그래서 도시에는 낡고 오래된 건축물도 필요하다. 낡고 오래된 건물의 경우 새로 지은 건물에 비해 임차료가 상대적으로 저렴하기 때문에 소자본 가게가 입점할 수 있게 된다. 이는 곧 도시의 다양성을 통한 재미있는 도시를 만드는 방법이다.

오래된 건물의 장점은 저렴한 임대료만이 아니다. 사람들의 감성을 자극하고 사람들을 불러 모으는데 필요한 개성이 뿜어져 나온다. 오래된 건축물에는 많은 사람의 기억이 담겨 있어 저마다의 감성을 불러일으킨다. 기억은 시간이 쌓여 만들어지는 것이기에 신축 건물에서는 생겨날 수 없다. 세월의 흔적을 간직한 도시형 한옥, 단독주택, 최근에는 다가구·다세대주택이 건축물 자체로 우리의 감성을 자극하고 있다. 더욱이 이들은 평면, 층고, 형태, 재료가 다양하기 때문에 그 공간을 운영할 사람의 개성에 맞추어 변신이 가능하다. 창조적 공간으로 조성할 여지가 많다는 말이다. 바로 이런 곳에 창조적인 사람이 들어와 동네의 개성을 살리고 있다. 오래된 건축자산을 간직한 도시에서 다양성이 꽃을 피운다.

신도시 규모로 새로 지어지는 대규모 아파트 단지와 광화문 일대의 상권 비교를 통해 오래된 건물의 가치를 살펴보자. 임대료와 업종의 비교를 통해 우리가 어떤 선택을 해야 하는지 생각해 도움을 받자.

1만 세대가 입주한 헬리오시티
아파트 단지 상가. 대부분 대기업
프렌차이즈와 공인중개사, 병·의원,
약국, 학원이다. ©박기범

　　약 1만 세대가 입주한 헬리오시티 아파트 단지 내 상가(총 617개)의
공실률이 언론*에 보도되었다. 상가 공실률의 원인으로 높은 분양가가
지목되었다. 동네 상권에서 쓰는 가구당 총 비용의 합계를 상가 수로 나
누면 상가별로 최소 매출액과 적정 임대료(통상 매출액의 10%)가 산출된
다. 그런데 상가 분양가가 높다보니 상가 임대료도 높아졌다. 높은 임대
료를 감당하려면 상가 매출액이 높아져야 하는데 단지 내 상권의 총 매

---

*　"3만명 사는 송파 헬리오시티, 왜 자영업자 무덤이 됐나",《머니투데이》2020년 5월
　1일자

신·구 건물이 섞여 있는 광화문 일대 풍경 ©박기범

출액은 한정되어 있다. 결국 상가 공실이 발생할 수밖에 없는 구조다.

　단지 내 상가 업종은 어떨까? 상가 임대료가 높고 편차가 없다보니 입점할 수 있는 가게도 제한적이다. 은행, 편의점, 빵집, 치킨, 헤어숍 등 대부분 대기업 브랜드가 입점했다. 브랜드가 없는 가게는 공인중개사, 병·의원, 약국, 학원에 불과하다. 입주민에게 필요한 업종만 제한적으로 입점하다보니 가게의 종류가 다양하지 않다. 업종별 비율*을 살펴보면 공인중개사가 30%, 의원·약국이 24%, 학원이 11%로 전체의 65%를 차지하고 있다. 그저 '단지 내 상가'에 불과하다. 게다가 1층은 여느 아파트 단지와 마찬가지로 부동산 공인중개사 사무실이 점유(1층 상가의 56%가

✻　헬리오시티 단지 내 상가(1A동, 1-5층)에 입점한 가게(공실을 제외한 148개)의 용도

공인중개사 사무소)하고 있다. 가로 활력이 생겨나기 어려운 구조에 처해 있다.

이번에는 오래된 도심인 광화문 일대의 상권을 살펴보자. 대규모 도시환경정비사업에 의해 신축된 고층 건축물인 D-타워, 그랑서울, K 트윈타워 등에는 대기업 본사나 대형 로펌 등이 입주해 업무시설로 사용하고 있다. 1층과 지하층에는 유명 프랜차이즈 음식점과 커피숍이 주로 입점해 있다. 아파트 단지인 헬리오시티 상가와 별반 다를 바 없다.

반면 대형 건물 바깥에는 좁은 골목을 따라서 저층의 오래된 건물이 있다. 여기에는 브랜드는 없지만 개성 넘치는 가게가 옹기종기 모여 있다. 여러 종류의 식당, 다양한 가격의 커피숍, 사진관, 수제 양복점, 분식점, 약국, 샌드위치 가게, 꽃집, 음악학원, 철물점, 분식점 등이 자리하고 있다. 근처 직장인들은 자신의 주머니 사정에 맞게 메뉴를 선택하고 일대 이곳저곳을 기웃거리며 잠시나마 쉴 수 있다.

중간주택이 몰려있는 동네가 시간이 갈수록 도시의 다양성을 제공하는 화수분이 될 수 있다. 물론 앞서 살펴본 용도혼합과 짧은 블록에 준공 시기가 각기 다른 중간주택이 교집합을 이룰 때 가능한 시나리오이다.

로컬 크리에이터의 터전

미국의 젊은이들이 가장 살고 싶어 하는 도시, 가장 진보적인 도시, DIY 와 창조의 도시, 자연친화적인 삶에 대한 로망을 전하는 계간지 《킨포크KINFOLK》의 도시, 나이키의 도시, 힙스터의 성지로 알려진 도시는 바로 미국 오리건 주 북서부에 있는 도시 포틀랜드이다. 파월북스Powell's

Books, 파머스 마켓Farmer's Market, 에이스 호텔Ace Hotel Portland, 스텀프타운 커피Stumptown coffee roasters, 부두 도넛Voodoo Doughnut, 블루 스타 도넛Blue Star Donuts, 데슈츠 브루어리Deschutes Brewery, ADXArt Design Xchange Portland 등은 전 세계인들이 가보고 싶은 여행지 목록에 포함되어 있다.

포틀랜드를 이야기할 때 로컬 크리에이터가 빠지지 않고 등장한다. 명소를 보고 오는 것은 포틀랜드의 껍데기를 훑고 오는 것이며 로컬 크리에이터를 만나야 제대로 포틀랜드를 이해했다고 이야기한다. 포틀랜드의 성공적인 로컬 생태계를 파악하기 위해 여러 분야의 사람이 돋보기를 들고 포틀랜드 현지로 향했다. 덕분에 포틀랜드의 로컬 생태계와 로컬 크리에이터는 여러 채널을 통해 국내에도 잘 알려지게 되었다.

대부분의 독자에게 로컬 크리에이터라는 단어가 생소하게 느껴질 수 있다. 건축과 도시를 전공한 나도 제대로 이해하는 데 가장 오랜 시간이 걸린 개념이 바로 로컬 크리에이터다. 우선 로컬 크리에이터가 무엇인지 살펴보자.

2019년 전국의 로컬 크리에이터와 17개 창조경제혁신센터가 참여했던 "로컬 크리에이터 페스타"에서 로컬 크리에이터에 대한 정의를 내렸다. 행사에서 로컬 크리에이터는 '시대의 전환과 지역의 변화를 만들어가는 이들로서 지역의 콘텐츠에 기반해 창의력과 기획력을 바탕으로 혁신적인 활동을 하는 개인 또는 기업'으로 정의되었다. 달리 표현하면 로컬 크리에이터는 사람들의 주목을 받지 못하는 동네와 집에 숨겨진 가치에 주목하고 그들의 잠재력을 극대화하기 위해 노력하는 사람 또는 회사다. 이들은 가슴 설레게 하는 공간 만드는 것을 늘 궁리하면서 살아간다.

포틀랜드의 로컬 경제 생태계를 자세히 들여다보면 왜 소비가 아니라 생산에 기반한 경제 생태계인지 이해할 수 있다. 포틀랜드에서 만들어지는 제품의 '생산-유통-가공-판매-홍보' 등 일련의 경제활동이 모두 로컬 크리에이터에 의존한다. 지역에서 생산한 농축산물과 지역에서 가공한 생산품은 지역 대학 캠퍼스에 마련된 파머스 마켓에서 판매되거나 로컬 식음료 가게의 식자재로 이용된다. 식당에 필요한 메뉴판 및 각종 부자재 등은 로컬 크리에이터가 만든 것이다. 로컬 독립작가들은 식자재, 레스토랑, 셰프 등과 연계해 출판과 축제를 통해 로컬을 소개하고, 독립서점은 이러한 문화를 판매한다. 지역 자원을 창의적 방식으로 상품화하고 그들만의 방식으로 생산하고 판매한다. 그리고 각각의 로컬 크리에이터를 끈끈하게 연결하는 로컬 생태계가 구축되어 있다. 로컬 크리에이터는 로컬에 다양성을 만들어냈다.

포틀랜드는 로컬 크리에이터가 콘텐츠가 되는 시대를 열었다. 변화에 대한 소명의식이 가득한 젊은 인재가 모이고, 유능한 인재를 찾아 창조 기업이 몰리고, 이런 기업들 간의 커뮤니케이션이 활성화되면서 새로운 창조제품이 만들어지는 선순환 구조를 갖추게 되었다.

우리가 주목할 사항은 물리적 공간을 조성하는 것만으로는 사람들의 각기 다른 요구를 충족시킬 수 없다는 사실이다. 물리적 공간은 다양성의 필요조건이지 충분조건이 아니기 때문이다. 동네 활성화를 위해서 물리적 공간을 채우는 좋은 콘텐츠는 필수가 되었다. 그리고 물리적 공간을 필요한 콘텐츠로 채우기 위해서는 공급자 중심에서 수요자 중심으로 도시 생태계를 바꾸어야 한다.

그렇다면 우리는 어떻게 하고 있는가? 다행히 골목길, 골목상권, 로컬 커뮤니티 등이 정치·경제·사회·문화의 관심 주제로 떠오르고 있다. 콘텐츠는 대규모 자본 없이 작지만 확실한 시장을 만들어가는 로컬 크리에이터가 만들어내는 것이다. 로컬 크리에이터가 활발한 동네가 브랜드가 되는 시대가 열리고 있다.

국내에도 로컬 크리에이터의 전도사가 있다. 바로 《골목길 자본론》(다산북스, 2017)을 출간하고 로컬 크리에이터의 필요성과 중요성을 알리고 있는 모종린 교수다. 그는 브랜드가 된 동네는 공통적으로 골목 상권으로 시작했으며, 골목 상권 없이는 창조 인재 중심의 지역 발전이 어렵다고 했다.

우리가 찾는 포틀랜드는 우리 동네에도 만들어질 수 있다. 골목 상권을 지탱할 수 있는 풍부한 배후 주거지, 걷기 좋은 많은 골목과 길모퉁이, 다양한 연식의 건축물 등의 필요조건을 갖춘 동네에 로컬 크리에이터가 터를 잡는다면 동네는 새로운 브랜드가 될 수 있다. 이런 조건을 갖춘 곳이 바로 핫 플레이스이다.

새로운 집장수의 등장

업자입니다

2018년 젊은 건축가상 공개 심사장에서 한 심사위원의 날카로운 질문과 수상 후보자의 재치 있는 답변이 오가는 흥미로운 장면이 연출되었다. 지번을 입력하면 그 땅에서 개발 가능한 건축물의 규모와 사업성 등을 간략하게 보여주는 프로그램을 개발한 '경계없는 작업실'의 발표 시간이었다. '업자'냐고 물어보는 심사위원의 날선 질문에 후보자는 '업자'라고 호기롭게 답했다.

'젊은', '건축가'라는 단어에 함의된 긍정적 의미와 '업자'에 숨겨져 있는 부정적 뉘앙스를 고려할 때 젊은 건축가상 후보자의 답변은 가히 파격적이었다. 젊은 건축가가 자신을 업자라고 칭하다니….

동일한 단어지만 심사위원의 질문에 담긴 업자는 부정적인 반면 젊은 건축가의 답변에서 느껴지는 업자는 새롭고 도전적인 의미가 담긴 것처럼 느껴졌다. 한 단어를 두고 해석을 달리하는 젊은 건축가의 패기가 부럽다. '경계없는 작업실'은 그 해 젊은 건축가상을 받았다.

그렇다면 여기서 말하는 업자는 누구란 말인가? 여러 업자들 중에서 동네에 집을 짓는 업자를 통상 '집장수(일반적으로 집장사라고 부르지만 어법에 맞춰 집장수로 표기한다)'라고 부른다. 결국 동네 집장수가 누구인지 살펴보는 것이 곧 동네의 업자를 이해하는 길이다. 집장수를 이해하는 것은 중간주택의 생산 프로세스를 파악하는 방법이다.

그런데 건축물의 이력이 담긴 건축물대장이나 각종 건축 관련 수상자 목록을 보면 건축주, 설계자, 시공자의 이름이 기재되어 있을 뿐, 집장수의 흔적은 어딜 찾아봐도 없다. '집'과 '장수'의 합성어인 '집장수'의 사전적 의미는 이익을 얻으려고 집을 사서 파는 일을 하는 사람을 가리킨다. 그러니까 집장수라는 말에는 사서 파는 행위에 한정될 뿐 '짓는다'는 의미는 담겨있지 않다.

그런데 왜 집장수가 집을 지었다고 하는 것일까? 도대체 집장수의 역할은 어디까지인가? 결론부터 말하면 집장수는 중간주택의 기획부터 분양까지 전 과정을 관장하는 사업시행자다. 집장수는 대부분 시공자이며 시공과 함께 기획, 금융, 분양 등의 일을 모두 한다.

집장수가 직접 할 수 없는 분야가 바로 설계다. 중간주택은 설계마저도 집장수가 했다고 해도 과언이 아니지만 대개 집장수는 설계를 건축가에게 의뢰하게 된다. 통상 건축가는 자신의 작품성이나 창의성을 살리는 건축설계를 하기 마련이다. 그런데 집장수는 사업성을 최우선 순위에 두고 중간주택의 설계를 요구하게 된다. 이 과정에서 갈등이 발생하는데 통상 설계비를 지급하는 집장수가 갑의 위치에 있다 보니 집장수는 자신의 요구에 따를 수 있는 건축가를 찾게 된다.

물론 건축가가 집장수를 설득해 자신의 설계 철학을 관철시킬 수도 있다. 하지만 집장수가 이를 거부할 경우, 설계를 수주하고 싶은 건축가는 집장수의 요구를 따를 수밖에 없다. 집장수는 자신의 요구를 반영한 설계를 해주는 소위 '허가방'이라고 불리는 설계사무소와 계약을 하는 사례가 관행처럼 지속되어 왔다. 이로써 집장수는 '기획-설계-시공-분양'의 전 과정에서 모든 결정을 하는 주체가 되는 것이다. 이런 상황이라면 동네에 지어지는 수많은 중간주택을 집장수가 지었다는 데 이견을 다는 이는 드물 것이다.

　최근 종전의 집장수와 다른 새로운 집장수가 등장하고 있다. 새롭게 등장하는 집장수는 어떻게 일을 하기에 기존의 집장수와 차별화되는지 그들의 역할을 중심으로 살펴보자.

공간기획을 하는 집장수

중간주택 시장은 공간 소비자의 새로운 트렌드를 파악하고 이를 새로운 산업으로 성장시킬 수 있는 기회의 장이다. 당근마켓이나 마켓컬리처럼 새로운 변화를 감지하고 기존에 없었던 시장을 만들어낼 수 있는 절호의 기회가 중간주택에 있다. 주류의 시선이 아니라 다른 시선으로 중간주택을 통해 새로운 분야를 개척해나가는 집장수가 필요하다. 그냥 집장수가 아니라 시장의 수요를 파악하고 새로운 방식으로 수요를 담는 중간주택을 짓는 집장수를 말하는 것이다.

　언제부턴가 건축계에 '공간기획사'라는 단어가 등장했다. '공간기획'이라는 단어 자체는 어려워 보이지 않는데 어떤 업무를 하는지 파악이 어렵다. 대학 건축학과의 커리큘럼에도 건축기획은 있지만 공간기획은 없었다. 공간기획사의 업무 스펙트럼은 상당히 넓다. 일반적으로는 공간을 기획, 개발, 관리, 운영, 홍보하는 일을 한다. 단순히 물리적 공간을 만드는 데 그치는 것이 아니라 그 공간을 채우거나 이용할 콘텐츠나 브랜드 등을 함께 고민한다. 때로는 지역의 건축자산을 기반으로 도시재생의 구심점을 만드는 역할까지 업무 영역이 확장되기도 한다.

공간기획사는 여러 분야에 대한 전문성을 갖추고 있어야 한다. 이들은 기획, 건축, 부동산, 브랜딩, 외식 등 다양한 분야의 전문가들이 모여서 공간에 대한 기획, 설계, 브랜딩, MD 컨설팅, 스페이스 프로그래밍, 공간 디자인, 커뮤니케이션, 콘텐츠 비즈니스 전략, 운영 및 관리 등을 총괄 기획한다.

사업 비중에 따라 여러 유형으로 구분해볼 수 있다. 가장 쉽게 볼 수 있는 공간기획사는 식음료F&B_{Food & Beverage}를 기반으로 공간기획을 하는 회사이다. 낙후된 동네이면서 유동 인구도 적은 골목길에 있는 한옥이나 단독주택 등에 레스토랑을 열면서 동네를 가꾼다. 때로는 저평가된 동네에 새로운 감성을 가미한 건물을 짓기도 한다. 지역에 맞는 브랜딩, 공간 디자인, 영업, 관리 등의 공간기획을 통해 동네를 바꾼다. 그들이 만든 공간은 동네의 앵커 시설로 자리 잡는다. 종로구 익선동을 핫플레이스로 바꾼 '글로우 서울'이 대표적이다.

조금 생소한 분야이지만 지역의 정체성을 담은 콘텐츠를 소개하는 공간기획사도 있다. 콘텐츠 창작, 지역·문화 마케팅, 미디어 채널 기획, 로컬 크리에이터를 양성·모집·관리·홍보, 상품 기획, 공간 플랫폼 개발 및 큐레이터, 프로젝트 매니저 등의 업무를 한다. 이를 통해 다양한 콘텐츠 서비스가 어우러진 동네 라이프스타일 서비스를 제공함으로써 지속가능한 도시를 실현하는 업무를 한다. 대표적인 공간기획사가 바로 연남동과 연희동을 브랜드로 만든 '어반플레이'다.

최근에는 대형 개발사업을 하는 시행사나 대형 설계사무소들이 사업기획 단계에서 공간기획사에 기획을 의뢰하는 사례가 늘고 있다고 한다. 물리적 공간을 기획하고 설계하는 것만으로는 프로젝트의 성공을 담보하기 어렵기 때문이다. JOH^JOH&Company에서 공간기획을 담당했던 박상준은 JAD를 설립하고 서울 가산동 지식산업센터 '퍼블릭'과 중랑구 상봉버스터미널 복합개발 등의 공간기획을 했다.

공간기획은 부동산 개발 사업의 프로세스를 바꾸어 놓았다. 종전에는 건물을 준공하고 외부에 대형 현수막을 걸고 입점업체를 모집했다. 그런데 공간기획은 사업 기획 단계에서 공간을 어떻게 쓸 것인지 어떤 업종과 어떤 업체를 입점시킬 것인지 미리 계획을 한다. 이 일은 건축학과에서 배운 일이 아니다보니 건축가보다는 가게 운영 경험 등을 토대로 소비자의 트렌드를 잘 읽을 수 있는 F&B 등 공간 소비 경험이 많은 사람들이 주도하게 된다.

공간기획이 새로운 사업 영역으로 자리매김하고 있다. 세상에 순응하지 않는 집장수의 시대가 다가오고 있다. 이런 일을 하는 새로운 집장수는 기존 질서를 붕괴시키고 지각변동을 일으킬 수 있다.

공유경제를 시도하는 집장수

경제적 여력은 없지만 삶의 질을 높이고 싶어 하는 사람들이 선택하는 수단이 바로 '공유경제'다. 공유경제는 경제와 환경 논리가 맞물리면서 점점 더 우리 생활 속에 깊숙이 파고들고 있다. 공유 차량, 공유 자전거, 공유 주방, 공유주택 등 공유경제는 이미 우리의 일상이 되었다.

최근 새로운 방식으로 공유주택을 짓고 운영하는 집장수가 등장하고 있다. 새롭게 등장하는 집장수는 대기업, 재단, 사회적 경제주체, 협동조합, 공기업 등으로 생각보다 여러 분야에서 생겨나고 있다. 사업 주체가 다양해지면서 공급되는 집의 종류와 제공하는 서비스도 다양해지고 있다. 덕분에 소비자들이 선택할 수 있는 카드가 늘어났다.

1인 가구를 위한 공유주택은 1930년대 일제 강점기에 이미 있었다. 박철수 교수 외 3인이 함께 쓴 《경성의 아파트》(도서출판 집, 2021)에 따르면 우리나라 아파트는 1930년대 일제 강점기에 도입되었는데, 초기 모델은 '가로형', '주상복합', '공유주택'이라는 키워드를 간직하고 있었다. 아파트 1층에 당구장, 식당, 카페, 사무소 등이 있었다. 요즘처럼 단지형이 아니라 가로에 면해 있는 '나홀로' 아파트였다. 단지형이 아니다 보니 주거와 비주거가 혼합된 제대로 된 '주상복합'으로 지어졌다. 대부분 독신 가구를 위한 주거공간으로 개별 욕실이나 부엌이 없고 층별로 공용 욕실, 공용 취사장, 공용 화장실을 두었으며 분양이 아니라 모두 임대였다. 요즘 유행하는 '1인 가구를 위한 공유주택'이었다. 이미 90년 전에 도입된 아파트가 현재 우리에게 필요한 새로운 도시주택의 요건을 갖추고 있었다.

공유주택은 외형으로 보면 중간주택과 별 차이가 없다. 하지만 기존 중간주택과 다른 가장 큰 특징은 '공유공간'이다. 공유공간은 입주민의 커뮤니티의 장으로 활용된다. 바로 공유공간의 양과 질이 공유주택에서의 삶의 질과 직결된다. 그래서 집장수들은 공유공간의 운영에도 많은 신경을 쓴다. 집장수들은 새로운 프로그램을 기획하고 잘 운영될 수 있는 방안을 고민하고 있다. 이러한 고민이 공유주택의 평판과 직결되고 나아가 사업의 성패를 결정하게 된다.

우리가 이런 일을 하는 집장수와 공유주택을 유심히 살펴봐야 하는 이유가 있다. 이들은 커뮤니티 회복을 위해 노력하고 있다는 점이다. 단순히 집만 짓는 것이 아니라 전용면적을 할애해 커뮤니티 공간을 조성하고 정관과 공동체 관리 규약 등을 통해 입주자들이 공급과 관리의 주체자로 역할을 하게 함으로써 소통하고 교류하는 장소를 만들고 있다. 때로는 입주민뿐만 아니라 주변 동네 주민과도 함께 하는 교류의 장을 조성하고 있다.

이들이 조성하고 있는 공유주택의 경우 입주자들의 경제적 상황이나 라이프스타일 등을 반영해 새로운 패러다임의 주거 문화를 창출하고 있다. 이러한 집들이 중간주택의 새로운 모델이 되고 있다. 새로운 집장수의 새로운 시도가 향후 우리의 주거문화를 어떻게 바꿀지 가늠해보자.

변화를 시도하는 공공

이번에 소개할 집장수는 민간이 아니라 지방자치단체와 공공기관이다. 지방자치단체를 집장수로 부르는 것이 적합하지 않지만, 동네 중간주택의 변화를 견인하고 있다는 측면에서 광의의 집장수에 포함하고자 한다.

지방자치단체가 하는 중요한 업무 중 하나가 바로 공공건축을 짓는 일이다. 앞서 동네 도서관의 국내·외 사례를 통해 공공건축이 동네 환경과 주민의 삶을 향상시킨다는 것을 확인했다. 동네 공공건축을 통해 동네와 주민의 삶을 바꾸는 일의 중요성을 인지하고 사업 추진 방식의 변화를 추진하는 지자체가 늘고 있다. 이러한 공공의 노력은 공공건축물의 혁신에서 나아가 공공건축 주변 중간주택에 선한 영향력으로 작용한다.

공공은 도서관과 같은 공공건축의 품격을 높이는 일뿐만 아니라 중간주택을 바꾸는 일도 벌이고 있다. 최근에는 단순히 주택을 공급하는 것에서 나아가 공동체 공간을 조성하고 동네 주민과 함께 어울리는 장소 만들기에 나섰다. 이 일에 나선 공공은 바로 서울특별시다. 서울시는 '마을형 공동체 사업'을 통해 공동체 회복을 시도하고 있다. 서울시가 추진하고 있는 공동체 사업은 물리적 환경 개선과 함께 공동체 공간을 조성하는 일이다.

서울시가 사업을 직접 하는 것이 아니라 기획·설계·시공·관리·임대·운영 등을 일괄로 전문가에게 위탁한다. 쉽게 설명하면 앞서 소개한 공간기획사가 공동체 회복을 위한 사업에 참여하는 것이다. 하드웨어 중심의 공간개선과 함께 공동체 회복을 위한 소프트웨어도 함께 기획했기에 제대로 된 공동체 회복과 동네 주민의 삶의 질 개선이 기대된다.

서울시는 중간주택의 점적인 한계를 극복하기 위해 공유공간을 조성하고 연계해 제대로 된 운영 프로그램을 만드는 사업을 추진하고 있다. 재개발을 통해 동네 전체를 정비할 수 없으니 점적으로 정비를 하되 공동체 공간을 서로 연계시켜 입주자뿐만 아니라 동네 주민들도 이용할 수 있도록 했다. 서울시가 추진한 마을형 공동체 사업이 바로 '도서당'이다. 도서당은 뒤에서 자세히 소개한다(156~162쪽).

공공에서 새롭게 시도하고 있는 이런 일은 앞서 살펴본 공간기획의 업무와 맞닿아 있다. 기획, 설계, 시공, 운영 등을 함께 고민하고 사업을 하는 방식이다. 이제는 하드웨어와 소프트웨어를 분리해서는 성공할 수 없다. 전체 프로세스를 이해할 때 제대로 운영할 수 있다. 이 일에 공공이 앞장서고 있다.

중간주택이 밀집된 동네 문제를 풀고자 한다면 동네가 처한 복합적인 상황을 이해하려는 노력 없이 여러 문제를 분리해서 다루려는 것은 경계해야 한다. 종합적인 관점에서 살필 때 제대로 된 해법을 찾을 수 있다. 다양성이 집결된 동네를 바꾸고자 할 때는 더욱 더 그러해야 한다.

서울R부동산

《도쿄R부동산 이렇게 일합니다》(바바 마사타카 등, 정문주 옮김, 정예씨출판사, 2020)라는 제목의 책이 국내에 번역되어 소개되었다. 제목에 등장한 '도쿄R부동산'은 집을 소개하는 부동산 회사다. 하지만 일반적인 부동산 회사와 소개하는 집이나 일하는 방식이 다르다.

도쿄대에서 건축을 전공한 창업 멤버 3명은 그저 재미없고 대량으로 양산된 천편일률적인 아파트가 아니라 잠재력이 있고 재미있는 일이 일어날 것 같은 동네의 가치에 주목하고 새로운 문화가 일어날 동네를 찾는 것에서 일을 시작한다. '도쿄R부동산'은 동네와 다양한 주거 공간의 가치를 찾아내고 알리는 부동산 회사다. 이 회사가 소개하는 집은

도쿄R부동산 홈페이지. 집을 소개하는 방식이 여느 부동산과 다르다. 왼쪽에 있는 특징 분류를 보면 레트로한 맛이 있는, 조망 GOOD, 수변/녹지, 릴랙스/교외, 고쳤습니다, 단독주택/1동, 천장이 높은, 디자인/리노베이션, 플러스 알파, 창고같은, 옥상/발코니 등 취향과 기호에 따라 분류했음을 알 수 있다.

각기 다른 주거 취향과 기호를 담아낼 수 있다.

이 회사는 집을 소개하는 방식이 다르다. 우리처럼 주택의 규모와 가격을 소개하지 않는다. '도쿄R부동산'은 회사가 발굴한 재미있고 매력적인 주택을 소개한다. 보편성이나 일률적이라는 단어가 아닌 창의적, 개성, 다양성이라는 단어를 선택한 집을 소개한다. 높은 층고와 채광, 복고풍 디자인, 옥상·테라스, 조망, 개조 가능 여부, 독채 등 재미와 매력을 가진 공간만 소개한다. 창업자들이 건축을 전공한 덕분에 이러한 공간의 가치를 볼 수 있는 눈을 가지고 있었기에 가능한 일이다.

'도쿄R부동산'처럼 고객의 기호에 맞는 주택에 대한 정보를 제공하는 온라인 플랫폼이 있다면 동네 중간주택의 다양성의 가치를 홍보할 수 있다. 그리고 건축가는 사람마다 집을 고르는 기준이 다르다는 점에 주목하고 이들의 마음을 사로잡기 위한 집을 설계할 것이다. '도쿄R부동산'과 같은 새로운 온라인 플랫폼이 활성화된다면 중간주택의 기획, 설계, 생산, 유통의 혁신을 불러일으킬 것이다.

중간주택을 모두가 반기는 것은 아니다. 대기업 브랜드의 고층아파트 단지를 원하는 사람에게 중간주택은 여전히 거북하다. 주거 다양성이라는 면에서 이들의 생각도 존중해야 한다. 그럼 중간주택은 어떤 사람이 찾을까. 어떤 사람에게 중간주택을 소개하는 게 효과적일까.

수도권에는 전체 인구의 절반이 몰려 있고 25~34세 인구의 56%가 수도권에 살고 있다. 수도권의 주거문제는 밀레니얼의 주거와 맞닿아 있다. 그리고 앞서 살펴본 것처럼 밀레니얼은 새로운 주거를 원하고 있다. 그렇다면 나만의 취향 찾기와 취향을 함께 공유하는 공동체 꾸리기에 나선 밀레니얼에게 새로운 중간주택을 적극 권해보자. 이제 남은 문제는 밀레니얼에게 어떻게 알릴 것인가이다.

수도권의 경우 아파트에 대한 수요가 공급을 넘어서다 보니 공급

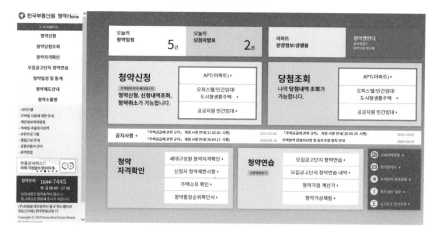

자들끼리의 경쟁이 아니라 수요자간 경쟁이 치열하다. 신축 아파트는 공급만 하면 무조건 완판된다. 신규 분양 아파트의 경우 공급되는 족족 수백 대 일에서 수천 대 일의 경쟁률을 보이며 완판되고 있다.

신규 분양 아파트는 한국부동산원에서 만든 '청약 Home'이라는 온라인 플랫폼에서 소개된다www.applyhome.co.kr. '청약 Home'에서 거래되는 주택 상품은 주로 아파트이다. 그것도 민간에서 분양하는 아파트가 대부분이다. 일부 공공에서 분양 또는 임대하는 아파트가 있기는 하지만 대부분 민간 분양 아파트다. '청약 Home'이 민간 분양 아파트 청약을 위한 온라인 플랫폼이라고 해도 무방하다.

아파트에 열광하는 소비자들 덕분에 '청약 Home'은 이미 많은 회원을 확보하고 있다. 한국부동산원에 따르면 2020년 상반기 기준 청약통장 가입자 수는 약 2,600만 명을 넘어섰다. 청약통장을 마련하는 목적이 신축 아파트를 분양받기 위한 필수절차라는 점을 감안한다면 전국민의 절반이 '청약 Home'의 회원이다.

국민의 절반을 회원으로 둔 온라인 플랫폼이 중간주택은 거래하지 않는 것을 이상하게 생각하는 사람이 없다. 거래하지 않는 것이 아니라 중간주택은 일반분양 관리 대상이 아니기 때문에 온라인 플랫폼 거래 대상이 아니다. 온라인 플랫폼 운영자 입장에서도 효자 상품인 아파트가 있는데 굳이 중간주택을 플랫폼에 올릴 이유가 없다. 중간주택은 개별 주택의 세대수는 적지만 신축 건수가 많아 플랫폼에 올리고 관리하는 일도 대규모 아파트 단지보다 번거롭다.

'청약 Home'을 통해 중간주택에 대한 정보를 얻는 것이 편리해진다면 시장의 빠른 성장과 함께 품질을 높이는 것도 가능할 것이다. 온라인 플랫폼에서 소비자들이 생산자에 대한 평가도 가능하게 된다. 그리고 이렇게 쌓인 빅 데이터는 중간주택의 품질을 높이는데 유효한 자료로 쓰이게 될 것이다.

중간주택을 위한 온라인 플랫폼 구축만으로는 부족하다. 제공되는 정보가 다양해야 공급되는 주택도 바뀐다. 위치, 주택의 종류(원룸, 투룸, 아파트), 가격, 거래방식(매매 전세 월세), 사진만으로는 변화를 일으킬 수 없다. 일견 발품도 덜 팔고, 고민도 덜하게 되고, 가격도 흥정할 수 있으니 충분하다고 생각할 것이다. 하지만 그렇지 않다.

기존 부동산 포털 등 온라인 플랫폼에서 제공되는 정보로는 내가 살고 싶은 공간을 찾을 수가 없다. 그러다보니 우리는 부지불식간에 무미건조한 정보만 제공하는 부동산 포털 정보에 익숙해졌다. 거주보다는 거래에 방점을 둔 중간주택들이 확산되는 악순환이 계속된다. 결국 보편적 수요를 충족시키는 설계가 만연하게 된다. 과연 이렇게 만들어진 집에서 만족하면서 살 수 있을까? 사람들이 〈구해줘! 홈즈〉를 즐겨 보고 있다는 사실에 답이 있다.

자신의 삶에 맞는 주택을 찾기란 여간 어려운 일이 아니다. 입지,

사회주택 플랫폼 홈페이지

사회주택 온라인 플랫폼에서는 다양한 유형의 사회주택을 소개하고 있다.

규모, 가격, 취향이라는 변수를 놓고 우선순위를 매기고 행복과 접점을 찾으려 노력하지만 살고 싶은 공간을 찾는 일은 지난한 일이다. 전망 좋은 집, 층간 소음 걱정 없는 집, 작업실이 있는 집, 층고가 높은 집, 마당 있는 집, 옥상을 이용할 수 있는 집 등에 대한 정보는 현행 부동산 포털에서는 알아낼 수 없다. 엄청난 시간과 노력을 들여야 가능해진다. '도쿄R부동산'처럼 의뢰인의 요구에 맞는 주택을 찾아주는 온라인 플랫폼이 있으면 주거에 대한 패러다임을 바꾸는 계기가 될 것이다. 새로운 패러다임을 이끄는 집장수가 필요하듯 새로운 집의 가치를 제대로 소개하는 온라인 플랫폼이 있어야 한다. 새로운 패러다임을 이끄는 온라인 플랫폼을 만들자.

국내에도 중간주택을 위한 전용 온라인 플랫폼이 있다. 서울시는 공동체주택과 사회주택에 대한 온라인 플랫폼soco.seoul.go.kr을 구축해 운영하고 있다. 서울시가 제공하는 주택은 공간 운영 및 공간 관리 등에 대한 인증을 통과했기 때문에 품질을 보장할 수 있다. 믿을 수 있는 중간주택이다. 하지만 도쿄R부동산처럼 사람들의 각기 다른 수요를 충족시킬 만한 수준이 아니다. 게다가 온라인 플랫폼의 인지도는 청약 Home에 비하면 월등히 낮다.

어쩌면 지어진 중간주택 자체가 다양하지 않으니 제공할 정보가 다양하지 않은 것은 당연하다. 동네는 대지의 규모, 위치, 형태가 각기 다르기 때문에 건축가의 창의력이 가미된다면 다양하면서도 개성을 가진 집을 만들어낼 수 있다. 재미있는 집이 만들어질 수 있는 여건을 갖추고 있다. 물론 재미있게 지어진 집도 있다. 뒤에 소개하는 새로운 집장수들의 집에서 새롭고 참신한 시도를 발견할 수 있다.

선후 관계를 따지기에 앞서 우선은 도쿄R부동산처럼 플랫폼에 사람들이 필요로 하는 집에 대한 정보를 올릴 수 있는 창을 만들어주자. 그래야 창의력을 토대로 새로운 중간주택을 짓는 집장수가 늘어날 것이다. 그리고 사람들의 다양한 기호에 맞는 주택을 찾을 수 있도록 온라인 플랫폼을 갖추자. 온라인 플랫폼의 변화가 중간주택의 설계의 판도를 바꿀 수도 있다. 이참에 '서울R부동산'을 구상해보자.

새로운 중간주택을
위한 준비

골목 르네상스

골목 르네상스

중간주택 2.0이 밀집된 동네는 어떻게 바꾸어야 할까? 반세기를 버틴 단독주택부터 최근에 지어진 중간주택이 함께 있는 동네는 이해관계가 서로 달라서 정비사업 추진도 쉽지 않다. 재개발과 같은 대규모 정비사업은 물론이고 가로주택정비사업을 통한 소규모 정비사업도 쉽지 않다. 이런 동네에서 주거환경을 개선하고 커뮤니티를 회복할 수 있는 방법은 무엇일까?

동네 환경 개선과 커뮤니티 회복을 위한 해법으로 '골목 르네상스'를 제안한다. 르네상스가 신본주의에서 인본주의로 전환한 것처럼 골목을 자동차 중심에서 사람 중심으로 바꾸는 것이 바로 골목 르네상스다. 골목 르네상스를 통해 새로운 골목 문화를 창출할 수 있다.

걷기 좋은 동네에 사람이 모인다. 사람이 모이니 다양한 가게도 들어온다. 볼거리가 많아지니 더 많은 사람이 더 자주 동네를 찾는다. 사람이 더 많이 모이니 더 다양한 종류의 가게가 들어온다. 이러한 선순환을 반복하면서 동네에는 활력이 생긴다. 이것이 바로 골목 르네상스가 지향하는 이상적 모습이다.

도시 패러다임이 자동차에서 사람 중심으로 바뀌고 있다. 2018년 9월 21일 수도권 주택공급 확대방안의 일환으로 수도권 주택시장 및 서민 주거 안정을 위해 대규모 공공주택 지구를 개발하는 3기 신도시 계획이 발표되었다. 3기 신도시 조성을 위한 도시설계 지침은 '가로중심의 공유도시'이다.

참고로 1990년대 후반에 발표한 2기 신도시의 방향은 '친환경적 도시계획'이었고, 1980년대 후반에 발표한 1기 신도시의 방향은 '수도권 기능 분담'이었다. '가로중심의 공유도시'는 사람 중심의 가로를 조성해서 도시의 활력을 불러일으키자는 것이다.

구체적으로 무엇이 어떻게 달라지는지 비교해 보자. 1~2기 신도시는 대부분 슈퍼 블록, 단지와 단지 사이의 넓은 도로, 단지를 둘러싼 담장, 보행자들이 즐길 것이 없는 가로로 조성되었다. 우리 주변에서 흔히 볼 수 있는 일반적인 아파트 단지의 모습이다. 이런 공간은 빠른 속도로 이동하는 자동차를 위한 도로일 뿐 보행자들이 즐길 수 있는 것이 아무것도 없는 재미없는 빈 공간에 불과하다.

'가로 중심의 공유도시'라는 새로운 도시설계 지침에 따라 3기 신도시인 '과천-과천지구'의 경우 도시건축통합설계라는 생소한 이름의 공모방식으로 진행되었다. 기존에는 도시계획을 수립한 후에 건축계획을 했다면, 과천-과천지구는 도시계획과 건축계획을 동시에 수립하는 도시건축통합계획을 수립하도록 한 것이다. 3차원의 건축공간을 2차원의 도시계획에서 고려하도록 한 것이다. 그 결과 블록의 크기는 100× 100m, 블록과 블록 사이의 도로는 2차선, 도로에 면해 1층에 생활 편의시설을 조성하겠다는 계획안이 당선되었다. 덕분에 1층은 외부인에게

과천-과천지구 도시건축통합설계 공모전 당선작. 도로가 좁아졌고, 아파트 단지의 담장이 사라졌으며,
가로변에는 생활편의시설이 들어선다. 자료제공: 시아플랜

배타적이지 않으며 보행자들에게 걷는 즐거움을 제공하는 공간으로 꾸
려지게 되었다. 가로중심의 도시설계가 실행에 옮겨지게 된 것이다. 골
목을 따라서 걷는 즐거움이 있는 핫 플레이스를 과천-과천지구에서도
기대할 수 있게 되었다.

그렇다면 중간주택이 몰려있는 동네를 가로 중심의 공유도시로 바
꾸려면 어떻게 해야 할까? 이미 골목은 있으니 그 골목을 사람을 위한
공간으로 바꾸기만 하면 된다. 일견 쉬워 보이지만 동네 골목에는 풀기
어려운 난제가 많이 숨어 있다.

필로티 주차장의 용도 변경

중간주택이 밀집된 동네의 골목이 살아나려면 1층을 사람의 눈길을 반
갑게 맞이할 수 있는 용도로 바꾸어야 한다. 1층은 사람들이 들락거리
는 공간인 동시에 지나가는 사람들에게도 중요한 공간이다. 1층을 어떻

필로티 주차장 ©박기범

게 조성하느냐에 따라 사람들을 끌어들일 수도 배척할 수도 있다. 리처드 세넷은 《짓기와 거주하기: 도시를 위한 윤리》에서 닫힌 구조물에 구멍을 뚫어 열림을 만들어 경계를 허물 때 도시가 살아날 수 있다고 했다. 1층이 골목 르네상스의 핵심 공간이다. 골목과 1층을 커뮤니티 공간으로 조성한다면 골목은 자연스럽게 살아날 것이다.

동네의 현실은 어떤가? 반지하가 있는 동네의 골목에는 자동차가 주차되어 있다. 필로티 주차장이 있는 동네는 주차장이 늘면서 골목 주차는 줄었다. 하지만 사람들은 골목을 다니는 자동차와 필로티 주차장을 들락거리는 자동차를 신경 쓰면서 걸어야 한다. 골목은 자동차가 중심이며, 골목에 면한 1층은 볼품없는 주차장이거나 눈길을 줄 수 없는 반지하이거나 담장이다. 이런 상황에서 가로 중심의 공유도시 실현은 요원하다.

골목을 살리기 위해 가장 먼저 해야 할 일은 중간주택의 필로티 주차장을 보행자를 위한 용도로 변경하는 일이다. 간단해 보이지만 필로티 주차장을 가게 등 다른 용도로 변경하는 것은 법적 절차도 복잡하지만 현실적으로 주차장을 줄이는 것은 입주자의 불편을 초래하기 때문에 어렵다.

입주자들이 주차장 줄이는 것을 동의하더라도 주차장의 용도변경은 불가능하다. 현행 주차장법은 세대가 차량을 소지한 것을 전제로 하고 있기 때문에 세대수가 줄어들지 않는 이상 주차장을 줄일 수는 없다. 소유한 차량이 없어도 주차장은 세대수에 맞게 반드시 설치하고 반드시 주차장으로 이용해야 한다.

최근 주차장 용도변경의 필요성과 가능성이 제기되고 있다. 공유주택의 경우 차량을 소유하지 않은 세대가 늘고 있기 때문이다. 서울대학교 김난도 교수 외 4인이 함께 쓴《트렌드 코리아 2021: 서울대 소비트렌드분석센터의 2021 전망》(미래의 창, 2020)에 따르면 공유 자전거나 공유 전동 퀵보드를 이용한 출퇴근이 늘고 있다. 이를 증명하는 데이터도 있다. LH가 조성한 공유주택인 '안암생활'의 경우 총 122가구 중에서 차량을 소유한 가구는 2가구에 불과하다. 생활의 불편을 초래하지 않으면서 주차장을 줄일 수 있는 여지가 있다.

이러한 변화를 감안해 세입자를 차량 미소유자로 제한할 경우 신축은 해당 세대만큼 주차장을 설치하지 않도록 하고, 기존 주택은 용도를 변경할 수 있게 허용해 주자. 이미 서울시는 역세권 청년주택에서 이러한 실험을 실행하고 있다. 서울도시주택공사(SH)는 역세권 2030 청년주택의 주차 기준을 완화하는 대신 입주자를 차량 미운행자(미소유자 포함)로 제한했다.

이렇게 주차장법을 바꾸면 신축의 경우 문제가 없지만 기존 주택의 주차장을 근린생활시설로 바꾸는 데 걸림돌이 있다. 바로 용적률 상한이 용도변경의 걸림돌이다. 대부분의 중간주택은 용적률 상한에 가깝게 지었기 때문에 주차장을 근린생활시설 등으로 변경할 경우 늘어난 면적으로 인해 용적률이 법적 상한을 초과하게 된다.

서울시 주차장 정보 앱

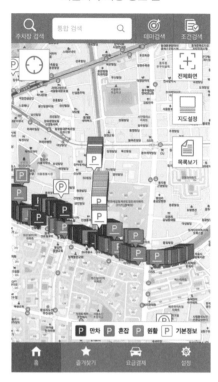

그렇다고 대안이 없는 것도 아니다. 필로티 주차장을 근린생활시설로 용도 변경하는 경우 법률에 규정된 용적률 상한을 풀어주는 대신 개발되는 용적에 대한 개발이익을 환수하는 방법도 있다. 환수된 비용은 동네 공용 주차장, 도서관, 공원, 놀이터 등을 조성하는 비용으로 충당하면 동네 환경도 좋아지는 일석이조의 효과를 거둘 수 있다.

이러한 주장에 대해 주차장이 줄어들어 주차난이 가중되고 골목이 주차장으로 바뀔 것이라고 우려하는 사람도 있을 것이다. 주차장을 늘리면 상가를 찾는 자동차가 늘어 사람들은 자동차 눈치를 보며 걸어야 한다. 이는 골목 르네상스에 역행하는 것이다. 그렇다면 다른 주차 대안을 마련해야 한다.

가게를 이용하는 손님이라면 근처 공용주차장을 이용하도록 유도하자. 주차장에도 공유경제를 접목하자. 인근 학교, 도서관, 관공서, 어린이집, 교회, 자동차 정비소, 골프 연습장, 세차장 등과 협약을 맺고 주

건물 1층 주차장과 카페가 만들어내는 가로환경의 차이 ©박기범

차장을 공유할 수 있도록 한다면 필로티 주차장을 다른 용도로 변경하
더라도 주차장 부족 문제를 해결할 수 있다.

　주차장 공유에 필요한 시스템은 이미 구축되어 있다. 스마트폰에
서 주차공유 앱만 다운 받으면 가고자 하는 장소 근처에 이용 가능한 주
차장에 대한 정보 검색이 가능하다. 주차공유업체와 연계를 한다면 이
용자들의 편의를 더 높일 수 있다.

　용적률 문제가 해결되었다면 다시 주차장법을 검토해야 한다. 근
린생활시설로 인해 늘어난 면적만큼 주차장을 추가로 설치해야 한다.
주차장을 늘리면 가게를 이용하는 사람들이 차를 이용하게 될 것이며,
이렇게 되면 보행환경은 더 열악해진다. 그렇다면 필로티 주차장을 근
린생활시설 등으로 용도변경할 경우 늘어나는 공간에 대해서는 주차장
기준 적용을 제외토록 주차장법이 개정되어야 한다. 보행을 우선으로
하는 정책방향이 성공을 거둔다면 주차장을 설치하더라도 차량의 골목

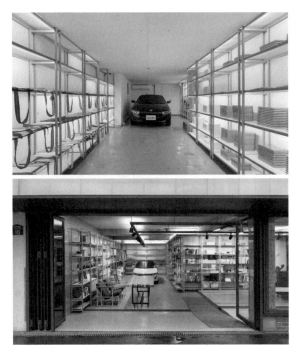

가라지(Garage, 차고)
에서 수납용품을 만들고
판매하는 가라지가게
자료제공: 가라지가게

진출입이 어려워져 주차장을 추가로 설치하는 것에 대한 실효성도 낮아진다.

주차장을 용도 변경하는 것 외에도 다른 대안이 있다. 주차장은 그대로 두고 주차장으로 이용되지 않은 시간에 다른 용도로 이용하거나, 주차장의 자투리 공간을 다른 용도로 쓰도록 복합용도를 허용하는 것이다. 이렇게 하면 용적률이나 주차장 기준이 걸림돌이 되지 않는다.

해외에서는 주차 빌딩에서 주차가 없는 시간대에 요가와 같은 생활문화 프로그램을 운영해 공간 이용의 효율성을 높이고 있다. 이미 국내에서도 이렇게 공간을 잘 활용하는 사례가 등장했다. 주간에만 운영되는 자동차 정비소 주차장을 야간에 포장마차로 이용하는 사례가 언

론에 소개되었다.[*]

필로티 주차장을 그대로 두고 주차장이 비거나 주차 차량 사이에 선반을 설치하고 물품을 파는 가게도 있다. 방치된 주차장보다는 잘 꾸며진 공간이 골목의 미관, 환경, 방범 등에 기여한다는 것은 사진을 통해 확인할 수 있다. 매연가스를 내뿜지 않는 전기자동차와 같은 친환경 자동차와 자율주행 자동차 보급이 확산된다면 주차장의 용도변경은 더욱 활성화될 것으로 예상된다. 이런 용도복합 활성화가 골목 르네상스에 기여할 것으로 기대된다.

하지만 이 경우에도 법적인 걸림돌이 있다. 용적률과 주차 기준에는 문제가 없지만 원래 허가받은 용도를 다른 용도로 사용하는 것은 불법이다. 게다가 인근 주민들의 민원도 생길 수 있다. 이를 해결하기 위해서는 여러 용도로 혼합해 쓰는 것에 대한 법률을 개정해야 한다.

주차장의 용도복합은 골목 르네상스 외에도 다른 효과를 기대할 수 있다. 용도복합을 허용하고 영업 이익에 대한 세금만 제대로 징수한다면 동네에 놀이터나 쌈지 공원 등 생활의 편의를 높이는데 필요한 자금으로 활용할 수 있다. 골목도 살리고 동네 환경 개선에 필요한 재원도 마련하는 일석이조의 효과를 기대할 수 있다.

필로티 주차장에 골목 르네상스를 추진하려면 검토해야 할 사항이 많다. 앞서 설명한 법률적인 검토 외에도 허용 용도나 세금 부과 등에 대한 세부 기준도 마련해야 한다. 이 일은 정부가 나서지 않으면 해결하기 어려운 난제들이다. 사람을 위한 공간으로 골목을 되돌려 주는 것에 집중한다면 법률적 해법은 얼마든지 찾을 수 있을 것이다.

[*] "청담동 '이모작 포차' 전성시대, 낮엔 카센터, 밤엔 포장마차 '화려한 변신'", 《주간동아》 386호, 2003년 5월 22일자

용도혼합의 기술

필로티 주차장을 모두 용도 변경할 수도 없으며 해서도 안 된다. 가게나 사무실 등에 대한 수요가 없는 동네의 경우 공실률만 늘어나게 된다. 만약 수요가 있다면 어떤 용도의 가게가 들어와야 하는지, 용도별로 적정 비율은 어느 정도인지, 층별로 어떤 용도로 써야할지도 결정해야 한다.

김성홍 교수[*]와 건축가 황두진[**]은 저서에서 1층은 가게, 2층은 업무, 3층 이상은 주택으로 쓸 것을 제안했다. 층별 용도는 제안했지만 1~2층의 용도는 시장에 맡겼다. 경제학자인 모종린 교수[***]는 신문 컬럼에서 방문객이 2박 3일 머무르는데 필요한 상업시설이면 동네에 필요한 수요를 충족시키기에 충분하다고 했다. 층별 용도가 아니라 동네에 필요한 가게의 다양성을 제안했다.

동네에 따라 상가, 사무실, 주택의 수요가 각기 다른데 이를 일률적으로 정하는 것은 무모한 일이다. 무턱대고 정한다면 공실이 생길 것이 뻔하다. 시장 원리에 따라 적정 비율이 결정되겠지만 이를 좀 더 과학적으로 예측할 수 있다면 과도한 경쟁을 피할 수도 있고 소비자에게 필요한 다양한 서비스를 제공할 수 있을 것이다.

마침 이러한 상권 분석에 활용할 수 있는 데이터 개방 및 활용과 관련된 법률 개정과 시스템이 구축되었다. 데이터 3법(개인정보 보호법·정보통신망법·신용정보법)이 개정되면서 활용할 수 있는 데이터가 늘어났다. 덕분에 빅 데이터를 이용하여 여러 방식으로 상권을 분석할 수

[*] 《길모퉁이 건축》, 현암사, 2011
[**] 《무지개 떡 건축》, 메디치미디어, 2015
[***] "모종린의 로컬리즘: 해외여행 대신 '2박3일' 머물고 싶은 동네가 뜬다", 《조선일보》 2020년 4월 24일자

있게 되었다. 가공된 데이터를 거래하는 시장****이 생겨났고 이미 가공된 데이터가 상품으로 거래*****되고 있다. 이러한 데이터는 동네 상권을 분석하고 새로운 마케팅 전략을 수립할 때 유용하게 활용할 수 있다.

데이터를 활용하면 용도혼합의 적정 비율뿐만 아니라 적정 업종에 대한 정보도 알 수 있다. 특히 외식산업의 폐업 비율이 연간 20%를 상회(전 산업 평균 13.2%)하고 있다는 점을 고려할 때 빅 데이터는 창업자들의 바람직한 선택에 큰 도움이 될 수 있다. 시간이 지날수록 많은 데이터가 쌓이게 되면서 데이터의 정확도도 높아질 것이다.

빅 데이터를 통해 용도를 결정하더라도 하나의 원칙은 정해야 한다. 아무리 가게나 사무실에 대한 수요가 높아도 3층 이상은 꼭 주거 공간으로 지켜내야 한다. 그래야 용도혼합을 통해 주거와 비주거가 상생할 수 있다. 중간주택 2.0이 밀집된 동네를 지키면서 제대로 살려내기 위해서는 용도혼합을 지켜내야 한다.

'술세권' 계획

중간주택 2.0이 밀집된 동네를 살리려면 필로티 주차장의 용도 변경과 용도혼합의 기술 외에도 검토해야 할 것이 하나 더 있다. 앞서 언급한

**** 금융보안원은 고객의 정보를 가공해서 사고 팔 수 있도록 만들어 놓은 온라인 정보 거래 시장 '데이터 거래소'를 오픈했다.
***** '나이스평가정보'는 지역·직업·가구·성별·연령별 소득, 소비, 부채 등에 대한 정보를 가공해 상품으로 내놓았다. 카드사들은 지역별 카드 결제 데이터, 소득, 지출, 금융자산 정보 등을 가공해 판매한다. '한국신용데이터'는 전국 소상공인 매출 일 단위 분석 등을 통해 경험이 부족한 사람도 전문성을 갖춘 의사결정을 내릴 수 있는 의미 있는 데이터를 계속 생산하고 있다.

파리 15분 도시 개념도

'생활권 계획'을 수립하고 실천하는 일이다. 생활권 계획은 2021년 서울 시장 보궐선거 공약에 등장하면서 알려지기 시작했다. 여당 서울시장 후보의 공약에 등장한 '21분 도시 서울'은 생활권 계획을 서울에 실천하려는 것이다.

생활권 계획 정책은 프랑스 파리에서 시작되었다. 안 이달고 Anne Hidalgo 파리시장은 '내일의 도시 파리'에 담긴 재선 공약에 '15분 도시'를 내걸었다. '15분 도시'란 도시를 15분 생활권으로 조직하는 것이다. 내 집에서 도보로 15분 이내에 가게, 학교, 문화, 의료, 녹지, 공공서비스 등의 생활 인프라에 접근할 수 있도록 하는 것이다. 15분 도시에는 인간중심, 용도혼합, 사회적 유대, 공공복지, 지속가능성의 철학이 담겨 있다. 《도시는 왜 불평등한가》(안종희 옮김, 매경출판, 2018)를 쓴 토론토대학교의 리처드 플로리다Richard Florida 교수는 파리의 '15분 도시' 정책을 창조도시의 대표 사례로 이야기한다.

동네별 여건에 따라 생활권 계획이 '10분 도시'일 수도 있고 '30분 도시'일 수도 있다. 중요한 것은 내 집을 중심으로 반경을 설정해야 한다는 점이다. 그래야 공공 주차장이 우리 집 주차장이 되는, 동네 작은 도서관이 우리 집 서재가 되는, 마을 쌈지공원이 우리 집 마당이 되는, 공공 어린이집이 우리 아이 놀이방이 되는, 주민센터가 우리 집 사랑방이 되는 동네로 탈바꿈할 수 있다. 생활권 계획이 잘 수립되고 실현된다면 기존 동네에서 재개발과 같은 대규모 정비사업을 하지 않고도 이러한 철학을 실천할 수 있게 된다.

'15분 도시'를 요즘 젊은이들의 신조어로 표현하면 '슬세권' 아닐까? 슬리퍼를 신고 동네 편의시설을 주변 사람들 눈치 보지 않고 편하게 돌아다닐 수 있는 동네. 슬세권은 자동차가 아니라 보행이 중심이 되는 동네의 완성판이다.

이러한 제안에 대해 정책을 수립하는 공무원은 막막할 수도 있다. 생활 SOC 정책을 통해 공공에서 다양한 서비스를 위한 공간을 마련하고 있지만 개인이 생활하는 집을 중심으로 현황을 파악하고 어떤 공간을 어떻게 동네별로 차별 없이 공급할 것인지에 대한 계획을 수립하는 일은 굉장히 어려운 일이다. 하지만 데이터를 잘 활용한다면 그리 어려운 일도 아니다.

통계청은 2021년 3월부터 '생활권역 통계지도'를 통계지리정보서

생활권 관련 통계청 자료

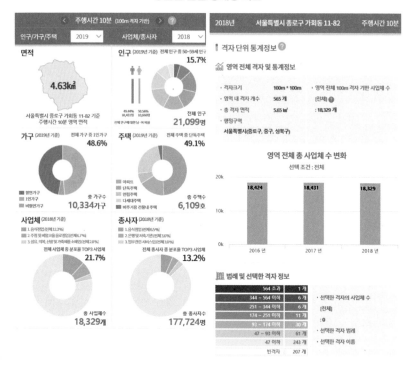

비스SGIS, sgis.kostat.go.kr를 통해 서비스하고 있다. 이 서비스에서 관심 있는 지점으로부터 차량으로 5~20분 내에 도달 가능한 공간적 범위를 설정하면 생활 반경 내 인구·주택·사업체 등에 대한 정보를 그래프나 지도 등으로 시각화된 정보를 받을 수 있다. 생활권 계획에 필요한 정보 수집이 수월해졌다. 데이터 양이 늘고 제공되는 서비스가 세분화된다면 생활권 계획 수립은 더욱 수월해질 것이다.

　이러한 제안에 대해 재원을 마련한다고 하더라도 과연 시설을 설치할 공간이 동네에 있는지 의문을 갖는 이도 있을 것이다. 동네의 경우 생활권 계획을 수립하더라도 필요한 시설을 설치할 땅이 없기 때문이다. 그렇다고 답이 없는 것은 아니다.

앞서 1층 필로티 주차장을 용도변경 하는 경우 주차장 설치 기준과 용적률 상한을 완화해주는 대신 새롭게 1층에 조성되는 공간을 공공에서 우선 임대하여 사용할 수 있도록 하자. 늘어나는 공간을 주민들을 위한 공동체 공간으로 활용한다면 동네 환경과 주민 삶의 질 개선에 이바지하게 될 것이다. 건축주 입장에서는 공간에 대한 안정적 임차수익과 안정된 관리를 추구할 수 있다. 공공에서 임대수요가 없다면 민간에서 가게 등으로 쓸 수 있도록 임대를 허용하자.

골목 르네상스와 슬세권 계획이 결합되면 중간주택이 밀집된 동네는 어떻게 바뀔까? 필로티 주차장으로 인해 자동차에 내어주었던 골목이 사람을 위한 공간으로 되살아나고, 사람이 눈길을 줄 수 있는 즐거운 공간이 늘어나고, 슬리퍼를 신고 골목을 따라서 조성된 다양한 생활 시설을 이용할 수 있게 된다. 이렇게 된다면 드라마 〈응답하라 1988〉에 등장한 골목의 들마루보다 더 효과적인 커뮤니티 공간이 조성되어 동네 환경뿐만 아니라 우리 사회를 바꿀 것이다.

앞서 제안한 것들이 적용되면 중간주택과 그 동네가 어떻게 바뀌는지 확인할 수 있는 사례가 있다.

작지만 큰 나눔이 있는
통의동 집과 용두동 집

건축문화재단이 임대주택사업을 시작한다? 우리나라 대표적 건축설계회사인 정림종합건축에서 만든 '정림건축문화재단(이하 정림재단)'은 건축과 관련된 포럼, 신문 발행, 학교 운영, 전시 기획, 출판 업무 등 다양한 문화 관련 행사를 진행한다. 그리고 임대주택사업도 한다. 선뜻 납득하기 어렵다. 임대주택사업은 전문회사도 수익을 남기기 어려울 뿐만 아니라 어쩌다 재단에서 수익을 내게 되면 재단의 설립 취지에 어긋난다. 정림재단이 임대주택사업에 뛰어든 이유는 뭘까?

정림재단 박성태 이사는 각종 건축 전시를 하고 건축신문을 발간하면서 커뮤니티 문제에 주목하게 되었다고 한다. 이 과정에서 공유주거 문화를 선도하는 집을 기획하고 이를 실행에 옮기게 되었다고 한다. 돈벌이가 목적이 아니라 새로운 주거문화를 선도하기 위해 사업을 시작한 것이다. 1인 가구용과 가족형 공유주택 두 유형의 사업을 시작했는데, 바로 1인 가구를 대상으로 한 '통의동 집'과 가족형 공유주택인 '용두동 집'이다.

많은 공유주택 가운데 정림재단에서 기획한 통의동 집과 용두동 집을 소개하는 이유가 있다. 소규모 단독 필지에서는 커뮤니티 활성화에 필요한 공간을 확보하는 것은 상상하기도 어렵다. 보통의 집장수라면 1층에 필로티 주차장을 설치하고 그 위에 임대 공간을 최대한 확보했을 것이다. 하지만 정림재단은 이러한 열악한 상황에서 다른 선택을 했다. 입주민을 위한 공유공간을 조성했을 뿐만 아니라 공유공간을 동네 주민과 함께 어울릴 수 있는 공간으로 활용하고 있다. 작은 집에 공유경제와 공동체 문화를 어떻게 담아냈을까.

두 집의 사례가 널리 전파된다면 중간건축 2.0(1인 가구, 살림집)이 공유경제와 결합하는 방식(1인 가구, 가족형)과 함께 골목 르네상스와 동네 커뮤니티 회복에 대한 길을 찾는데 좋은 참고서가 될 것이다. 통의동 집과 용두동 집에 대한 위치, 임대료, 평면, 공간 등에 대한 정보는 정림재단 홈페이지www.junglim.org에서 볼 수 있다.

작지만 공유공간을 극대화한 통의동 집

정림재단은 혼자이면서 함께 사는 집, 나만을 위한 독립 공간과 함께여서 즐거운 공유공간, 느슨한 공동체 안에서 자연스럽게 생겨나는 즐거운 이벤트와 협업이 있는 공유주택으로 통의동 집을 기획했다.

종로구에 있는 통의동은 업무시설이 밀집된 광화문, 종로, 을지로를 도보나 공유 자전거를 이용해 접근할 수 있다. 지하철 3호선과 5호선 이용이 가능하며 광화문을 중심으로 구축된 다양한 버스 노선 덕분에 대중교통 접근성도 우수하다. 주변에는 경복궁과 창덕궁, 미술관과 박물관 등 각종 문화 인프라도 갖추어져 있다. 그 밖에도 집을 나서면 느슨함을 즐길 수 있는 제3의 공간이 풍부하다. 정림재단에 따르면 입주자들은 대부분 5년 임대 기간을 채우고 떠났으며, 다른 곳으로 이주하고도 재단으로 연락을 할 만큼 통의동 집에 대한 만족도가 높다고 한다. 입주자들은 서촌이라는 입지적 특성, 한옥지구에 있는 차 없는 골목, 창으로 보이는 주변 한옥의 지붕 등을 좋은 점으로 꼽는다.

통의동 집은 제2종 일반주거지역에 자리한 대지 159㎡, 건폐율 55%, 용적률 193% 규모의 집이다. 지하 1층, 지상 4층이며, 용도는 다가구주택(3가구)과 제2종 근린생활시설(사무소)이 섞여 있다. 통의동 집은 공유주택이다. 지하층은 공유 주방, 1층에는 재단 사무실과 작은 라운지, 2층(방 4개)과 3층(방 3개)은 임대 공간, 4층은 건축주가 사는 공간으로 구성되어 있다. 재단이 건축주로부터 임대받아 여성들에게만 재임대하고 있다. 임대용 방의 전용면적은 9.4~12.2㎡로 작지만, 공유면적(주방, 샤워실, 화장실)과 공용면적(복도, 계단) 등을 포함한 임대면적은 33~36㎡이다. 보증금은 200만 원이며, 임대료는 면

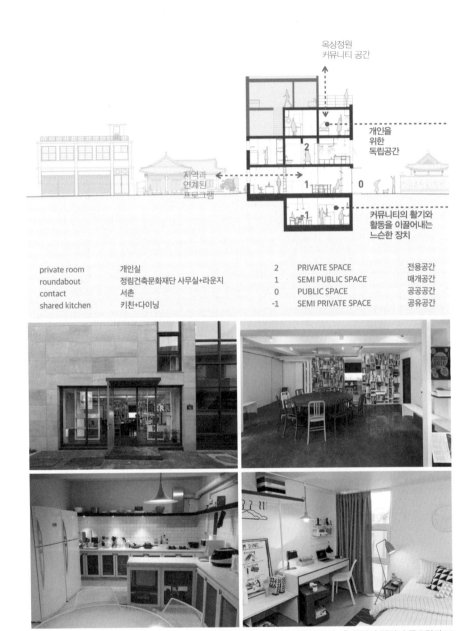

private room	개인실	2	PRIVATE SPACE	전용공간
roundabout	정림건축문화재단 사무실+라운지	1	SEMI PUBLIC SPACE	매개공간
contact	서촌	0	PUBLIC SPACE	공공공간
shared kitchen	키친+다이닝	-1	SEMI PRIVATE SPACE	공유공간

옥상정원
커뮤니티 공간

개인을
위한
독립공간

지역과
연계된
프로그램

커뮤니티의 활기와
활동을 이끌어내는
느슨한 장치

다채로운 문화행사가 열리는 1층 라운지는 골목 르네상스와 커뮤니티 회복을 위해 1층 공간이 얼마나 중요한지 보여주는 좋은 참고서이다. 2층의 라운지와 공유주방은 공유경제 사례를 보여준다. 자료제공: 정림건축문화재단 ⓒ김용관

새로운 중간주택을 위한 준비

적에 따라 다르지만 월 54~64만원 수준이다.

　이 집에서 특히 눈여겨볼 공간은 1층이다. 1층에는 정림재단 사무실과 라운지가 있다. 정림재단에 따르면 운영을 담당하고 있는 정림재단 사무실이 1층에 있어서 거주자들의 안정감을 높이는 데 기여하고 있다고 한다. 이 공간은 주말에는 입주자들의 공유 오피스가 된다. 정림재단은 통의동 집을 단순한 잠자리가 아니라 사는 공간으로 인식시키기 위해 고민했다. 그래서 1층에 라운지를 만들었다. 라운지는 입주자들이 동네에 사는 건축가, 아티스트, 디자이너 등과 식사를 하는 모임을 열거나 동네 행사가 있을 때 대여된다. 비록 작은 공간이지만 커뮤니티 활성화를 위한 플랫폼 기능을 너끈히 해내고 있다. 동네에 선한 영향력을 미치고 있다. 입주자들은 1층에서 다채로운 문화 행사가 열리는 것에 대한 만족도가 높은 편이다. 행사에 무료 참여할 수 있어서가 아니라 내 집 1층에서 문화행사가 열리는 것에 대해 자긍심을 느끼기 때문이라고 정림재단 관계자는 이야기한다.

　작은 대지 1층에 라운지가 만들어질 수 있었던 것은 차량 진입이 안 되는 한옥지구 골목에 있어 주차장을 설치할 수 없었기 때문이다. 덕분에 1층 바닥 면적이 비록 87㎡에 불과하지만 전체 면적을 커뮤니티 공간으로 활용할 수 있게 되었다. 좁은 골목 덕분에 통의동 집은 사람을 중심에 두는 중간주택 2.0이 될 수 있었다.

　통의동 집은 골목 르네상스와 커뮤니티 회복을 위해 1층 공간이 얼마나 중요한지 보여주는 좋은 참고서다. 비록 통의동 집의 규모는 작지만 1층 공간이 도시에 미치는 순기능은 규모 이상이다. 1층은 우리 사회와 우리 도시가 지향해야 할 골목 르네상스와 커뮤니티라는 키워드를 충분히 담아내고 있다. 통의동 집의 1층은 작은 거인이라는 표현이 잘 어울린다.

골목 르네상스를 위한 중간주택의 모범 용두동 집

정림재단에서 두 번째로 지은 집이 '용두동 집'이다. 동대문구에 있는 용두동은 주택이 밀집해 있으며, 주변에는 재개발로 아파트 단지가 들어서고 있다. 지하철 신설동역 이용이 가능하며 성북천에 바로 접해 있다. 북쪽에 고려대학교가 있다.

건축설계는 정림건축에서 맡았으며 착공 후 1년 만에 입주했다. 용두동 집은 제2종 일반주거지역에 건축되었으며 대지면적은 373㎡로 강북의 단독 필지에 비해서는 큰 편이다. 집은 건폐율 59%, 용적률 187%로 법상 상한에 가깝게 지었다. 지하 1층, 지상 5층 규모로 지어진 용두동 집의 바닥면적 합계는 946㎡(지상층 696㎡, 지하층이 250㎡)에 이른다.

건축법상 용도는 다가구주택(정림재단 소유), 제1종 근린생활시설(휴게음식점), 제2종 근린생활시설(종교집회장, 사무소)이 섞여 있다. 지하 1층은 종교집회장과 거주자를 위한 공용창고, 1층은 휴게음식점과 필로티 주차장, 2층은 사무소와 공용창고, 3~5층은 다가구주택으로 허가받은 주택이다.

용두동 집은 자산규모 3억 원 수준의 30~40대 부부나 아이가 있는 가정이 전세나 월세로 살 수 있는 공동체 주택이다. 약 70㎡ 내외 규모의 주택이 층별로 2가구씩 배치되어 총 6가구의 살림집이 있다. 세대 내부 평면은 연립주택이나 아파트와 동일해 보이지만 세대별 현관문을 나서면 공용 세탁실, 공용 서재, 공용창고 등이 있다. 입주민이 함께 사용하는 공용공간을 층별로 마련해 공유주택의 면모를 갖추었다. 용두동 집은 부부나 아이가 있는 가정이 이용할 수 있는 집이면서 공유경제를 실천할 수 있는 대안을 보여준다.

정림재단은 통의동 집과 마찬가지로 용두동 집 역시 어떻게 하면 동네와 유기적으로 관계 맺을 수 있을지 고민했다. 거주자들이 지역 주민과 관계 맺을 수 있도록 지하층부터 2층은 공유공간으로 계획했다. 그리고 이 공간을 제대로 운영할 수 있도록 운영 주체를 지정했다. 당초 입주자들이 모두 같은 종교라는 공통점을 감안해 지하층에 종교집회장(바닥면적 180㎡)을 계획했다. 집회장은 준공 후 커뮤니티 활성화에 기여할 수 있는 여러 용도로 사용되고 있다.

자료제공: 정림건축문화재단 ©박영채

동네 사람이 함께하는
다양한 프로그램을 운영할
수 있는 지하층의 집회장과
1층 동네 책방, 2층에 있는
공유 주방과 사무실은
커뮤니티 활성화 공간
역할을 톡톡히 하고 있다.
자료제공: 정림건축문화재단
ⓒ박영채

재단 관계자는 처음부터 여러 커뮤니티를 수용할 수 있도록 공간을 계획했다
고 한다. 대표적인 것이 '동네 극장'과 '이웃 학교'이다. 연극 극단에서 지하층
을 연습장 겸 공연장으로 사용하고 있다. 공연이 있는 날은 지하층이 동네 극
장이 된다. 이웃학교에서는 입주민뿐만 아니라 동네 사람들이 모여서 요가나
장구 등을 배울 수 있다. 연령층을 고려한 여러 가지 수업과 워크숍도 진행된
다. 지하에 있지만 다양한 프로그램 운영으로 동네 커뮤니티 활성화에 기여하
고 있다.

용두동 집의 대지면적은 통의동 집의 두 배가 넘지만 1층 바닥면적(75㎡)
은 통의동 집(87㎡)보다 작다. 1층 바닥면적의 80%를 주차장으로 내주었기 때
문이다. 비록 면적은 작지만 1층은 '동네 책방'으로 불린다. 동네 책방은 낮에

다양한 형태의 주거공간 자료제공: 정림건축문화재단 ⓒ박영채

는 카페 겸 동네 서점으로, 밤에는 입주민의 서재나 사랑방으로 이용된다. 지하층과 마찬가지로 입주자뿐만 아니라 동네 주민을 위한 커뮤니티 역할을 하고 있다.

2층에는 공유주방과 사무실이 있다. 우리가 주목하는 공간은 공유주방이다. 재단 관계자에 따르면 공유주방의 경우 사회적 활동이 많은 입주민은 교류의 장으로 공유주방을 활용할 수 있어 인기도 많고 이용률도 높다고 한다. 예를 들어 대학에서 한국어를 가르치는 입주민은 외국인 학생들과 공유주방에서 친교의 시간을 가진다. 2층을 임대한 사무소도 공유주방을 자주 이용한다고 한다. 공유주방 운영비는 주민과 2층 사무실이 공동으로 부담한다.

용두동 집의 지하층, 1층, 2층은 커뮤니티 활성화 공간으로서 역할을 충분히 해내고 있다. 공유공간은 입주민뿐만 아니라 동네 커뮤니티 활성화에도 기여하고 있다. 용두동 집은 밀집된 동네의 골목에 있는 중간주택 2.0으로서 골목 르네상스를 위한 중간주택의 모범을 보여주고 있다.

함께 짓고 나눠 사는
구름정원 사람들

북한산 등산로 초입인 은평구 불광동에 '구름정원 사람들'이라는 이름을 가진 협동조합형 공동체 주택(이하 협동조합주택)이 있다. 협동조합주택은 공동체 주택*의 유형 가운데 하나인데 생산과 공급 방식이 일반적인 공동주택과는 다르다. 주택협동조합이 집을 짓고 함께 살아가는 것이다.

국내 최초의 주택협동조합은 2013년 6월에 창립된 '하우징쿱주택협동조합(이하 하우징쿱)'이다. 하우징쿱은 사업구조 설계, 홍보 및 입주자 모집, 조합 설립 지원, 교육 및 입주 코디네이터, 설계지침 작성, 공사 관리 등 공간기획사의 역할을 담당한다. 2019년에는 하우징쿱 등 5개 주택협동조합**이 참여한 한국주택도시협동조합연합회가 출범했다.

이러한 방식은 커뮤니티에도 변화를 가져왔다. 대부분의 공유주택은 불특정 다수를 대상으로 커뮤니티를 구성하는 반면, 협동조합형의 경우 기획 단계부터 입주까지 전 과정을 함께한 조합원들이 커뮤니티를 형성하기 때문에 이웃과 끈끈함의 정도가 다르다. 협동조합주택에 관심 있는 독자라면 연합회 홈페이지 또는 카페에 접속***하면 설명회에 대한 정보(일시, 장소, 인원, 내용

---

* 서울시 '공동체 주택 활성화 지원 등에 관한 조례'에 따르면 공동체 주택은 "주택 및 준주택으로서 입주자들이 공동체 공간(입주자들이 회의실, 육아방, 공부방, 공동작업장 등으로 활용하는 공간)과 공동체 규약을 갖고, 입주자 간 공동 관심사를 상시적으로 해결하여 공동체 활동을 생활화하는 주택을 말한다."라고 정의되어 있다.

** 하우징쿱주택협동조합, 협동조합큰바위얼굴, 더함플러스협동조합, 한울안쿱주거복지협동조합, 우동쿱협동조합

*** 홈페이지 : www.facebook.com/fkhcc
카페 : https://cafe.daum.net/housecoop

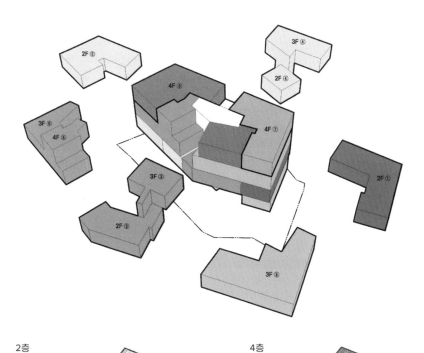

2층

① 주택 201호
② 주택 202호
③ 주택 203호
④ 주택 301호
ⓓ 커뮤니티 홀

4층

⑥ 주택 303호
⑦ 주택 402호
⑧ 주택 402호
ⓓ 커뮤니티 홀

1층

ⓑ 큰린생활시설 2
ⓒ 근린생활시설 3

3층

③ 주택 203호
④ 주택 301호
⑤ 주택 302호
⑥ 주택 303호
ⓓ 커뮤니티 홀

지하1층

ⓐ 근린생활시설 1

자료제공: 건축사사무소 인터커드

근린생활시설과 다세대주택을 함께 지은 덕분에 다세대주택의 연면적 상한 규정을 넘겨서 지을 수 있었을 뿐 아니라 지하층의 사무실, 1층의 커피숍과 식당에서는 임대수익도 발생한다. 자료제공: 건축사사무소 인터커드 ©김재윤

등) 뿐만 아니라 사업에 대한 정보[*]를 얻을 수 있다.

협동조합주택인 구름정원 사람들의 건축설계는 윤승현(건축사사무소 인터커드)이 했으며 2015년 서울시 건축상을 수상했다. 집짓기를 시작해 약 1년 3개월만에 입주했다.

용도는 근린생활시설(지하층, 1층)과 다세대주택(2~4층)으로 허가받았다. 대지면적(3개 필지)은 511㎡이며 연면적은 856㎡(지상층 760㎡, 지하층 96㎡)로 개발되어 건폐율(59%)과 용적률(149%)은 법적 상한에 근접한다. 근린생활과 다세대주택을 함께 지은 덕분에 다세대주택의 연면적 상한 규정(660㎡)을 넘겨서 지을 수 있었다. 지하 1층과 1층에는 3개의 근린생활시설이 계획되었다. 지하층은 사무실, 1층은 커피숍과 식당으로 이용되고 있다. 근린생활

[*]   지역, 가구수, 공동체 성격, 주택 면적과 가격, 부동산 소유권, 건축가 선정 및 설계, 입주 희망자 선정, 개발 사례 등

시설에서 발생하는 임대수익은 조합원들에게 배당금으로 지급되기 때문에 은퇴자들에게는 유효한 노후 자금이 된다.

2층부터 4층까지는 살림집이다. 3채는 복층형, 5채는 단층형으로 설계되었다. 조합원은 자신의 주거공간뿐 아니라 이웃과 함께 사용할 공용공간의 설계에 참여한 덕분에 공간에 삶을 맞추는 것이 아니라 가족 수와 삶의 모습에 맞는 공간을 가질 수 있었다. 세대별 전용면적은 약 60㎡로 살림집치고는 작아 보이지만 은퇴자나 은퇴예정자들이 입주하기 때문에 결코 작지 않다. 게다가 사랑방, 공용 테라스, 공동 보일러실(공동 세탁실 겸용), 지하 창고 등 공용공간이 풍부하기 때문에 동일 면적의 일반적인 공동주택에 비해 공간의 쓰임새가 좋다.

커뮤니티를 더욱 공고히 하는 공간도 만들어졌다. 4층에는 커뮤니티 룸이 있는데 주민이나 마을회의 및 행사장으로 사용할 수 있다. 입주 초기에는 재생사업 주민 협의체 회의실로 사용되었다. 입주자들을 위한 커뮤니티 공간인 동시에 필요에 따라 동네 주민들과 소통할 수 있는 공간이 마련되었다는데 의의가 있다.

입주민 중 홍새라 작가는 구름정원 사람들이 지어지기까지 조합 참여, 땅 매입, 설계, 시공 등 집이 완성되는 과정과 그 여정에서 발생하는 갈등, 대립, 오해 등을 담아 《협동조합으로 집짓기》(휴, 2015)라는 책을 출간했다. 설계자나 시공자가 아니라 입주자의 관점에서 협동조합주택에 대한 경험을 글로 엮어냈다. 사업 참여 방법, 예상 비용, 기획자 및 거주자 인터뷰 등을 담고 있어 협동조합주택의 장·단점을 속속들이 살펴볼 수 있다.

하우징쿱의 기노채 이사장은 협동조합주택은 공공이 할 수 없는 마을의 거점을 조성할 뿐만 아니라 주민들의 커뮤니티 활성화에서 나아가 마을 활성화에 기여하기 때문에 공공에서 적극적으로 지원해야 한다고 역설한다. 주택 협동조합이 새로운 주거 대안을 제시할 뿐만 아니라 커뮤니티 활성화 등 우리 사회를 바꾸는 일을 하고 있다면 활성화 방안을 적극적으로 검토해볼 필요가 있다.

동네에서 '슬세권'을
시도한 도서당

서울시는 중랑천에 인접한 면목동을 살리기 위해 새로운 방식의 프로젝트를 시도했다. 도시 속의 서당이라는 의미로 이름 지어진 '도서당都書堂'은 새롭게 단장한 길과 그 주변에 지어진 여러 채의 중간주택을 포함한다. 폭 30m에 길이 400m에 이르는 겸재로와 이 길에 면해 있는 14개 필지(총 1,633㎡)가 사업의 대상지이다. 건축이 가능한 7개 필지의 면적 평균은 170㎡로 강북의 전형적인 소규모 필지이다. 나머지 7개 필지는 도로에 면한 자투리땅으로 평균 면적은 50㎡이지만 100㎡인 2개 대지를 제외하면 대부분 20㎡내외로 건축이 불가능한 땅이다.

서울시는 넓은 도로와 이에 면해 있는 14개 필지를 대상으로 새로운 방식의 커뮤니티 회복을 시도한다. 7개 단독필지에 지어진 중간주택 2.0만 봐서는 앞선 사례들과 별 차이가 없다. 공유주택이며 1~2층에는 공동체 공간이 조성되어 있다. 대체 뭐가 다르다는 것인지 보이질 않는다.

도서당이 앞선 사례와 가장 많이 다른 점은 공간 자체가 아니라 공간의 연계이다. 도서당은 개별 필지 단위에서 조성되는 커뮤니티 공간의 양적인 한계를 극복하기 위해 '상호 연계'라는 전략을 택했다. 가로를 따라 흩어진 공유 공간을 상호 연계해 운영하는 방안을 마련했다. '점'을 연결해서 '선'을 만들었다면 선을 연결하면 '면'이 되는 원리를 활용한 것이다. 도서당은 점을 만들었지만 가로라는 매개체와 운영을 통해 선을 만들고 새로운 선이 만들어져 동네의 면이 변하기를 기대하고 있다.

굳이 단독필지를 합쳐서 개발하지 않더라도 충분히 규모의 경제를 발휘하고 있다. 단순히 흩어진 공유 공간의 이용을 연계한다고 되는 일이 아니다.

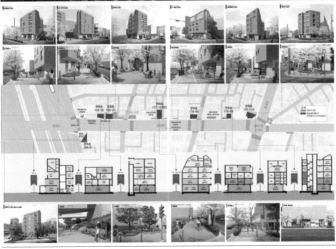

자료제공:
경간건축사사무소

도서당은 겸재로의 보행환경을 개선할 뿐 아니라
골목의 변화도 가져오고 있다. ©박기범

도서당은 겸재로와 접해 있는 14개의 필지를 활용해 책을 테마로 한 마을형 공
동체 사업이다. 가로변을 따라 7개 필지에 지어진 공동체 주택의 1~2층에는
근린생활시설(영리 또는 비영리)과 공동체 공간(공유주방, 공유 세탁실, 공동 회의
장)이 자리한다. 덕분에 주거, 문화, 학습, 식당, 쇼핑 공간이 어우러진 가로가
형성될 수 있었다. 비록 겸재로가 넓어 보행자들이 길 양쪽의 상가를 둘러보기

1층에 있는 공용공간은 골목과 골목을 시각적으로
연결하며 소통 공간 역할을 한다. ©박기범

는 어렵지만 한쪽 길에서라도 골목 르네상스가 일어났다.

겸재로를 따라서 지어진 공동체주택은 보도와 만나는 1층 전면 공간에
나무나 꽃을 심고 의자 등을 배치해 보행자를 위한 환경 개선을 했다. 그 결과
겸재로의 보행 환경이 개선되었을 뿐만 아니라 비록 초입에 불과하지만 겸재
로에 연결된 골목 환경도 바뀌었다. 필로티 주차장과 담장이 사라지면서 보행
자들이 자동차 눈치를 볼 필요가 없을 뿐만 아니라 버려진 공간이나 다름없는
주차장 대신 공동체 공간이 들어서면서 공간의 질도 높아졌다. 공간을 이용하
는 사람들의 눈이 골목의 보행 안전을 보장하는 지킴이 역할도 하고 있다. 골
목 초입에서 골목 르네상스를 시도한 것이다. 시간이 지나면서 골목 르네상스
는 골목 안으로 깊숙이 파고들 것으로 예상된다.

도서당의 가치는 그저 물리적인 공동체 공간을 조성하는 데 그치지 않는
다는 데 있다. 길을 따라 연결된 중간주택의 저층에 마련된 공동체 공간에는
각기 다른 주제의 콘텐츠가 담긴다. 문화예술, 어린이, 소설·에세이, 인문학,
요리·여행, IT·영상, 디자인이라는 7개의 주제이다. 주제에 맞는 운영 프로그
램을 마련하는 것과 더불어 각 주제의 전문가들이 도서당에 지어진 주택에 살

골목 르네상스

면서 프로그램을 운영하도록 했다. 도서당 공동체 주택의 입주자격 요건에 각 주제별 전문성을 가진 사람이어야 한다는 내용이 있다. 서울시는 도서당을 통해 공간, 프로그램, 운영자, 주민이 어우러지는 지속가능한 공동체 구축을 시도하고 있다.

지역주민과 연계한 특화 프로그램도 구축하고 공동육아, 지역주민에게 공동체 공간(작업장 및 공방 등) 대여, 옥상 자투리 공간을 활용한 주말 텃밭 운영, 마을 아카데미 개최, 플리마켓, 북 토크, 지역 행사 개최 등 운영 프로그램을 마련했다. 이용 대상과 운영 기간 등 연간 운영계획도 수립했다. 도서당은 지역주민과 함께 할 수 있는 동네 공동체 형성의 새로운 모델이 되고 있다. 비록 생활권 계획이라는 이름을 붙이기에는 충분하지 않지만 동네에 슬세권 구축을 시도하고 있다는 점에서 들여다볼 만한 가치가 있다.

도서당에 지어진 중간주택은 공동체 주택이다. 사업 주체가 서울시로부터 토지 등의 지원을 받아 건설되기 때문에 공동체 주택의 유형 중에서 '민관 협력형'에 해당한다. 7개 동(38호)의 다세대 주택은 가구 수에 따른 최저면적(1인 가구는 17㎡, 가장 큰 4인 가구는 43㎡) 기준에 따라서 설계되었으며, 2인 이상인 경우 개별 전유공간의 면적도 약 9㎡를 지키도록 했다.

도서당의 집들은 평균에 맞춘 표준화된 평면과 거리가 멀다. 옥상마당에서 진입하는 집, 방 3개가 모두 내부 계단에 연결되어 있는 집, 거실을 방으로 바꿀 수도 있는 집, 공유주거를 위해 나란히 화장실과 세면대가 2개씩 있는 집 등 평면이 제각각이다. 총 38개 세대의 집은 크기, 형태, 층고가 모두 다르다. 1인 가구, 2인 가구, 3인 가구, 3세대 등 다양한 세대가 섞일 수 있다. 아파트에서는 상상도 못한 공간이 마련되어 있다.

이 사업을 총괄하는 서울시립대학교 유석연 교수는 도서당 프로젝트를 통해 지어진 7채의 주택에 대해 "좁은 대지에서 법규를 지키면서 상상력과 창의력을 발휘해 '묘수풀이'를 한 결과물"이라고 말한다. 건축가의 창의력이 버무려진 덕분에 통일된 가치 기준을 강요하지 않는 다양성을 갖춘 집이 만들어졌다는 것이다.

도서당 입주를 원한다면 서울시가 구축한 공동체 주택 플랫폼 soco.go.kr/

400m에 이르는 겸재로에
있는 7개 필지를 상호 연계해
누구나 편하게 오가고 쉴 수
있는 전면공지를 제공한다.
ⓒ박기범

cohouse에 접속하면 된다. 온라인 플랫폼에서는 찾기(주택 찾기, 토지 찾기, 준비 모임), 지원(인증, 금융지원, 컨설팅, 커뮤니티 지원, 온라인 상담 등), 커뮤니티, 사업 소개 등의 정보를 제공한다. 내가 원하는 공동체가 있을 경우 사진을 누르면 해당 주택을 지도에 표시하고 주택의 정보를 제공해준다. 현재 플랫폼에 올라온 공동체 주택은 약 135채 정도 된다. 모두 월세이며, 방별로 임대하고 있다. 도서당에는 공동체 주택 지원 허브도 있다. 허브를 방문하면 공동체 주택을 이해하는 데 도움을 받을 수 있다.

도서당과 같은 프로젝트를 동네에 추진하고자 한다면 사업의 운영체계를 살펴봐야 한다. 서울시는 정책 마련 및 지원을, SH공사는 운영 주체 선정을, 공모를 통해 선정된 통합운영주체(서울시립대학교 유석연)는 설계·시공·운영·관리를 각각 담당한다. 관·공·민의 합동 프로젝트다.

서울시(SH 공사에 시유지 출자)는 통합운영주체에게 토지를 임대(최대 40년)해 주는 토지 임대부 방식을 선택했다. 통합운영주체는 주택의 설계·시공·운영을 담당한다. 통합운영주체는 테마, 특화 공유공간 및 공동체 공간, 그리고 공간별 운영 프로그램, 다양한 주거유형과 전문가 입주자 선정, 지역과 상생하는 지역 공동체 형성, 주거 안정화 및 공동체 자산화 모델을 추진 전략으로 수립했다. 지역 주민과 연계한 프로그램을 만들고 이를 위한 연간 운영계획도 수립되었다.

여기에 소개한 정보와 사진만으로는 동네 분위기를 이해하기 어렵다. 백문이 불여일견이라고 했다. 입주를 마친 도서당 현장을 직접 가서 보기를 권한다. 현장에 가면 가로 중심의 설계, 공간 기획, 공동체 공간의 중요성과 필요성 등의 시대정신이 물리적 공간으로 어떻게 구현되었으며 사람들이 어떻게 이용하고 있는지 살펴볼 수 있다. 슬세권이 동네를 어떻게 바꿀지 미리 살펴볼 수 있다.

다양성과 커뮤니티의 접목

밀레니얼의 다른 선택

밀레니얼Millenial Generation, Millennials 세대가 우리 사회에서 대단히 중요한 구심축으로 부상하고 있다. 특히 미래 변화를 예측하는 글이나 연구에 밀레니얼은 꼭 등장한다. 일반적으로 1980년대 초반에서 2000년대 초반에 출생한 세대를 '밀레니얼'이라고 부른다. X세대 이후에 생겨난 세대여서 Y세대라고 부르기도 한다. 밀레니얼은 세계 노동인구의 35%를 차지하며 세계 인구의 25%를 점유하고 있다. 이들이 시장의 실질적인 주도권을 쥐게 되는 것은 시간 문제다. 그래서 밀레니얼은 천 년의 끝에 태어나 새로운 천 년을 이끌어갈 세대로 평가되고 있다. 소비 시장을 주도하게 될 밀레니얼을 이해하는 것은 곧 미래 시장을 준비하는데 필요한 참고서를 마련하는 가장 확실한 방법이다. 전 세계가 최강 소비 권력으로 성장하고 있는 밀레니얼을 이해하기 위해 노력 중이다. 밀레니얼에 대한 이해를 돕기 위한 국내·외 출판물이 서점가에 우후죽순 쏟아지고 있다. 이러한 변화는 각종 매체의 광고에서도 감지된다.

라이프스타일이나 소비 성향 등 여러 측면에서 앞선 세대와 다른 행보를 하고 있는 밀레니얼은 여러 가지 별칭을 가지고 있다. 별칭은 그들의 라이프스타일을 압축적으로 설명하는 키워드이면서 동시에 그들의 욕망을 담고 있다. 밀레니얼이 처한 험준한 삶의 현실을 보여주는 별칭은 'N포 세대'*다. 이러한 세태는 방탄소년단의 노래 "쩔어"의 가사, "3포 세대, 5포 세대 그럼 난 육포가 좋으니까 6포 세대…"에도 등장한다. 밀레니얼이 처한 경제적 상황을 잘 말해주는 별칭이다.

심리학자 매슬로우Abraham Harold Maslow에 따르면 1~2단계의 생리와 안전 욕구가 충족되더라도 관계 및 성장과 관련된 3~4단계의 욕구가 충족되지 않으면 최상위 단계의 욕구인 자아실현이 어렵다. 그렇다면 연애, 결혼, 꿈, 희망을 포기한 밀레니얼은 자아실현 욕구의 달성이 불가능하다는 결론이 나온다. 과연 이론처럼 밀레니얼은 자아실현 욕구를 포기했을까?

밀레니얼이 어려운 경제 환경 속에서도 자아실현을 위해 동분서주한다는 증거는 많다. 이들이 선택한 개인의 일과 삶의 균형을 유지한다는 뜻의 약자 '워라밸Work-Life Balance'과 일상에서 느낄 수 있는 작지만 확실한 행복이나 그러한 행복을 추구하는 삶을 가리키는 '소확행小確幸'이 바로 자아실현 노력의 증거이다. 밀레니얼은 기성세대와 달리 삶의 질을 중시하고 있음을 알 수 있다. 행복을 위해 노력하는 삶의 자세를 견지하고 있다. 새로운 라이프스타일에 대한 강한 욕구는 우리 사회에 새로운 바람을 불러일으키고 있다.

자아실현을 위한 증거는 소비 방식에서도 발견된다. 이를 보여주

＊ 연애·결혼·출산을 포기한 '3포 세대', 3포에 집과 인간관계까지 포기한 '5포 세대', 5포에 꿈과 희망마저 포기한 '7포 세대'를 거쳐 이제는 'N포 세대'로 불리고 있다.

는 신조어가 바로 '가심비價心比', '욜로You Only Live Once'이다. '가심비'는 가성비(價性比: 가격 대비 성능)에 마음을 더한 것으로 심리적 만족감을 중시하는 것을 말한다. '욜로'는 현재의 행복을 위해 내 집 마련이나 노후준비보다 현재의 삶의 질을 높이는 취미생활이나 자기개발 등 자신의 이상실현에 돈을 투자하는 것을 말한다. 최근에는 미국 힙합 문화로부터 유입된 단어인 'Flex(자기 자랑)'가 유행하고 있다.

이들은 고가 명품뿐만 아니라 취미나 문화생활 등에서도 상품에 담긴 가치와 윤리를 위해 기꺼이 지갑을 여는 소비를 긍정적으로 생각한다. 2015년 포브스가 발표한 '밀레니얼의 소비 행태'에 따르면 조사대상의 75%가 '가치소비'를 선택하겠다고 했다. '가치소비'를 통해 자기의 가치관과 개성을 드러내는 밀레니얼의 자아실현 방식을 보여준다. 밀레니얼의 가치소비가 공간소비에도 변화를 야기할 것으로 기대된다. 밀레니얼의 이러한 가치소비는 기업 경영에도 영향을 주고 있다. 최근 기업 경영과 관련해 자주 접하는 용어가 바로 'ESG'다. 기업들은 환경보호Environmental, 사회공헌Social, 윤리경영Governance의 줄임말인 'ESG'를 실현하기 위해 변화를 추구하고 있다. 가치소비를 지향하는 소비자들의 요구에 부응하기 위한 기업들의 경쟁은 이미 시작되었다.

투자와 창업에서도 이전과 다른 면모를 보이고 있다. 밀레니얼은 투자할 때 자신의 투자가 경제나 사회에 어떤 영향을 미치는지 고민하고 결정한다. 작은 금액이나마 크라우드 펀딩을 통해 투자하고 그 기업이 성공하게 되면 '이 회사 내가 키웠어'라는 성취감을 자랑한다. 합리적인 투자를 통해 행복해한다. 투자뿐만 아니라 창업도 이전 세대와 다르다. 차별화된 사업전략을 마련하고 크라우드 펀딩을 통해 창업을 한다. 밀레니얼은 창업을 통한 자아실현 욕구를 위해 거침없이 달려가고 있다. 사회참여를 통한 자아실현도 있다.

밀레니얼의 삶의 방식, 소비, 투자, 창업, 사회참여 방식을 한 단어로 줄여 미국의 시사주간지 《타임》은 '미 제너레이션Me Generation'이라고 표현했다. 모종린 교수는 신문 기고문*에서 기성세대 문화로부터 자신을 지키려고 노력하며 자아실현에 열중하는 이러한 현상을 '나다움'이라고 표현했다. 김난도 교수는 《트렌드 코리아 2019》(김난도 외 지음, 미래의 창, 2018)에서 사회적 기준이나 타인의 시선에 연연하지 않으면서 자신만의 방식을 고수하는 이들을 영화 〈라라랜드〉에서 이름을 따서 "나나랜드"라고 했다. 방탄소년단의 노래 "쩔어"에는 '6포 세대'라는 가사와 함께 '내 스타일'이라는 가사가 등장한다. 비록 밀레니얼이 결혼, 출산, 꿈, 희망을 포기했다고 하지만 자아실현을 위해 노력하고 있다.

매슬로우는 단계별로 욕구가 채워진다고 했지만 밀레니얼은 욕구 단계와 상관없이 자아실현을 위해 지금도 노력하고 있다. 현재진행형인 밀레니얼의 자아실현 욕구는 공간 소비에서 이전 세대가 걸어왔던 길을 답습하기보다는 그들과 다른 선택을 할 것으로 예상된다.

밀레니얼은 대학 진학률이 높고 IT를 능숙하게 다루기에 '디지털 네이티브Digital Native'와 '넷 제너레이션Net Generation'이라는 별칭도 있다. 소셜미디어와 앱을 통해 세상과 소통한다. 소셜미디어는 밀레니얼의 욕구를 들여다볼 수 있는 열려 있는 창구로 자리 잡은지 오래다. 업로드된 그들의 사진에는 욕구가 고스란히 담겨있다.

그렇다면 밀레니얼이 앞으로 공간을 어떻게 소비하고, 투자하며, 즐기며, 바꿀 것인지 궁금해진다. 하위 단계에서 절실했던 공간의 양적 공급 확대로는 상위 단계의 욕구를 충족시키기 어렵다는 것은 극명하다. 이제부터 상위 단계의 욕구 충족을 위해 중간주택을 어떻게 바꿔야

---

* "모종린의 로컬리즘: 나다움'의 경제학", 《조선일보》 2020년 8월 28일자

할지 고민해야 한다. 그것이 바로 밀레니얼의 자아실현을 돕는 길이다.

밀레니얼의 주거문화

소비의 주체로 등극할 밀레니얼은 주거공간의 소비 패턴도 바꿀 것이다. 그들이 처한 경제적 상황에서 개성, 사회적 가치, 삶의 질을 중시하는 삶을 사는 밀레니얼의 자아실현 욕구가 주거공간에 어떤 변화의 바람을 불러일으킬지 궁금하지 않은가.

밀레니얼의 가치관을 대변하는 '워라밸', '소확행', '욜로', '가심비', '가치소비', '나다움'은 공간소비에 어떤 변화를 가져올까? '워라밸'을 위해 직주근접을 선택할 가능성이 높다. 출퇴근 시간을 줄여 나를 위한 삶에 시간을 투자함으로써 '소확행'의 가치를 추구할 것으로 예상된다. 〈구해줘! 홈즈〉를 보면 밀레니얼 의뢰인이 집을 선택하는 주요 기준으로 삼은 것이 직주근접이라는 점을 알 수 있다. KEB 하나금융경영연구소가 2019년 발간한 《서울시 직장인의 출퇴근 트렌드 변화 보고서》에 따르면 집과 직장이 같은 구區에 있는 직장인 비중이 2008년 46%에서 2018년 51%로 늘었다. 도심에는 밀레니얼이 머물 수 있는 주거 공간이 많아야 한다. 그들이 주거비용을 감당하기 어려워 점점 더 외곽으로 밀려난다면 삶은 더 피폐해진다. 출퇴근 시간이 늘어나면 육체적 피로, 교통비 상승, 줄어드는 여유시간으로 인한 자기계발이나 가족과 보내는 시간이 줄어드는 등 삶의 질 저하와 직장에서의 업무효율이 떨어질 수밖에 없다.

주거비용이 인구 이동의 직접적인 요인이 된다는 증거가 있다. 2020년 서울시 인구가 32년 만에 1000만 명 밑으로 떨어지자 전문가들은 원인 분석에 나섰다. 10명 중 4명이 서울을 빠져나와 집값이 상대적으로 저렴한 경기도 등으로 이사를 했다. 높은 집값 문제가 원인으로 지목되었다. 정부는 사람들이 도시 외곽으로 밀려나지 않도록 돕는 정책을 강구해야 한다.

밀레니얼의 주거 상황을 통계 자료를 통해 살펴보자. 통계청KOSIS에서 발표한 시도별 1인 가구 비율(2020년 기준)을 살펴보면 전국 평균은 30.4%이며, 서울시의 경우 평균보다 높은 33.1%다. 서울시의 경우 1980년 1인 가구 비율은 4.5%에 불과했다는 점을 감안하면 40년 만에 7.4배 증가했다. 서울시에서 발간한 《한눈에 보는 서울 2019》에 따르면, 2045년이 되면 서울시의 1~2인 가구는 71.2%로 증가할 것으로 예상된다. '수도권 1인 가구 현황'(통계청 보도자료, 2020년 12월 3일)의 연령대별 비율(2019년 기준) 중 밀레니얼에 해당하는 20~30대 비율을 살펴보면 수도권의 평균은 40.6%인데 서울시는 47.8%로 월등히 높다. 서울시에 혼자 사는 밀레니얼을 위한 주거정책이 필요하다.

서울에 혼자 사는 밀레니얼의 주거 상황을 살펴보자. 통계청 보도 자료를 통해 서울시에 거주하는 1인 가구의 연령대별 거처를 확인할 수 있다. 20대는 단독주택 45.4%*, 다세대주택에 16.0%, 아파트 10.2%, 30대는 단독주택 33.3%, 다세대주택 21.6%, 아파트 18.0%로 나타났다. 서울에 사는 1인 가구 밀레니얼의 절반 이상이 다가구주택과 다세대주택에 거주하고 있다.

주택 시장에서 최상위에 있는 아파트의 상황을 살펴보자. 서울시에 공급되는 전용면적 40㎡이하**의 소형 아파트는 2019년 기준 약

＊　단독주택이라고 명기하였지만 1인 가구에 필요한 주택 규모 등을 고려할 때 단독주택은 다가구주택으로 해석하는 것이 합리적이다.

LH의 소형 임대아파트 평면

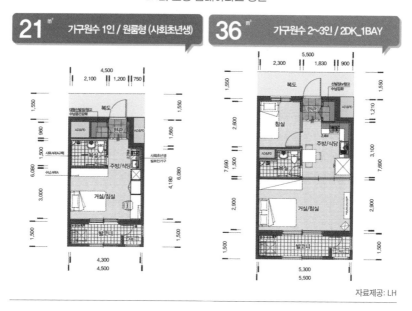

자료제공: LH

233,000세대이며 평형별 비중은 13.5%에 불과하다. 서울시 1인 가구수 130만을 대상으로 전용면적 40㎡ 이하 아파트에 대한 보급률을 산정하면 겨우 18% 수준이다. 1~2인 가구를 위한 아파트가 절대 부족하다.

그렇다면 소형 아파트 공급량은 충분할까. 서울에 공급된 전용면적 40㎡ 이하의 소형 아파트에 대한 3개년(2017~2019년) 통계를 살펴보면 민간 분양으로 공급되는 물량은 연간 약 3,000세대(2,500→4,700→3,500세대)이며, 평형별 비중은 약 10%(10→13→9%) 내외이다. 공공분양은 연간 250호 내외로 극히 적은 물량이다. 그런데 임대 아파트 공급

✽✽ 소위 원룸(거실 겸 침실, 화장실, 주방으로 구성될 경우 20㎡)뿐만 아니라 2~3인이 거주할 수 있는 투룸(침실, 거실 겸 침실, 화장실, 주방으로 구성된 평면의 경우 40㎡)을 포함

에 치중하면서 2019년 이후에는 이마저도 공급이 중단되었다. 공공임대 아파트의 경우 연간 약 3,000세대(2,600→3,900→3,100세대) 수준으로 공급되고 있으며 소형 평형의 비중은 약 70%(53→79→68%)로 늘어나고 있다. 2018년부터 공급되는 공공임대 아파트 중에서 전용면적 60㎡ 이하의 비중은 100%다. 공공은 소형 임대 아파트 공급 확대에 역량을 집중하고 있다.

서울시에 공급되는 전용면적 40㎡ 이하의 아파트는 분양과 임대를 합쳐도 연간 8,000세대에 불과하다. 1인 가구는 증가하고 있어 앞으로도 소형 아파트 부족은 지속될 수밖에 없다. 물론 1인 가구라는 이유로 무조건 작은 집에서 살아야 하는 것은 아니다. 누구나 비좁은 원룸보다는 거실과 주방 등이 제대로 갖추어진 넓은 집에서 살기를 원할 것이다. 하지만 경제적 여력이 없는 이들이 선택할 수 있는 주택은 소형일 수밖에 없다.

수급 불균형이 심해지면 시장원리에 따라 소형 아파트의 매매 가격이나 임대가격이 상승할 수밖에 없다. 향후 전용면적 40㎡ 이하 소형 아파트의 거래량 추이와 매매·임대 가격 추이를 유심히 살펴야 한다. 소형 주택 수급 불균형 문제가 생기면 주거비 부담이 늘어날 수밖에 없다.

주택 시장이 소형 아파트 수요를 충족시키기 어렵다면 그 수요는 중간주택으로 분산된다. 그렇다면 밀레니얼은 직주근접이 가능한 동네 원룸 임대주택에 만족할까? 이것만으로는 가심비와 욜로를 추구하는 밀레니얼의 기대를 충족시킬 수 없다. 밀레니얼은 단순한 주택이 아니라 취미생활이나 자기개발을 할 수 있는 주택을 선택할 것이다. 가심비와 욜로를 충족시킬 수 있어야 한다. 그들은 비용이 더 들더라도 그들의 '플렉스'를 '뿜뿜'할 수 있는 주택을 선택할 것이다.

이러한 변화는 통계를 통해서도 확인할 수 있다. 통계청 통계개발원은《국민 삶의 질 2020》보고서를 2021년 2월에 발간했다. 삶의 질과 관련된 여러 가지 핵심 지표[*] 중 '문화여가 지출률(가계소비지출 중 문화여가지출의 비율)'과 '주거환경 만족도(주택 주변에 대한 만족도를 종합적으로 고려)'를 연계해 살펴보자. 문화여가 지출률은 2006년 4.16%에서 2018년에는 5.76%로 지속적으로 높아지고 있다. 특히 눈여겨볼 부분은 연령대별 문화여가 지출률이다. 39세 이하의 지출률은 6.19%로 60세 이상의 4.88%보다 높다. 이는 밀레니얼이 문화여가활동에 대한 관심이 높다는 것을 의미한다. 주거환경 만족도는 주택에 대한 평가가 아니라 동네 환경에 대한 평가다. 2019년 기준 만족도 평균이 84.8%인데 가장 높은 주거유형은 예상대로 아파트가 91.2%로 가장 높았다. 중간주택에 해당하는 다세대주택 81.3%, 연립주택 79.9%, 단독주택 77.2%로 평균보다 낮았다. 삶의 질과 관련된 두 가지 통계 수치는 단순히 원룸을 공급하는 것만으로는 밀레니얼의 주거 수준을 충족시킬 수 없음을 보여준다.

기성세대와 다른 밀레니얼의 라이프스타일은 동네와 중간주택의 변화를 이끄는 견인차가 될 것으로 기대된다. 밀레니얼이 이끄는 트렌드 변화를 감안하면 서울의 경우 도심이 밀레니얼의 주거지로 각광받을 것이다. 광화문, 종로, 을지로 일대에는 기업이 몰려있으며 문화 인프라도 풍부하다. 일터와 가까울 뿐만 아니라 궁궐, 미술관, 영화관, 맛집, 학원 등도 가까워 생활의 풍요로움을 누릴 수 있는 장점이 있다. 출·퇴근 시간을 줄여 자신을 위한 문화생활에 투자할 시간을 늘릴 수 있다.

입지의 특성과 함께 주거 방식도 바뀔 것으로 예상된다. 여러 주거

---

[*] 가족·공동체, 건강, 교육, 고용·임금, 소득·소비·자산, 여가, 주거, 환경, 안전, 시민참여, 주관적 웰빙

유형 중 공유주거가 눈에 띈다. 공유주거는 '따로 또 같이'를 추구하는 밀레니얼의 문화를 반영한 것으로 개별적으로 독립된 방을 사용하되 주방, 거실, 오피스 등은 공유하는 주거 방식이다. 밀레니얼은 자신만의 시간과 공간을 위해 적당한 거리감을 지키려는 개인주의적 성향이 강하지만 한편으로는 끊임없는 소통을 원하고 있다. 이제 초기 단계인 한국의 공유주택 사업자들은 시장에서 자리매김하기 위해 단순한 물리적 공간조성에서 한발 더 나아가 커뮤니티 형성을 위한 실험을 펼치고 있다. 그냥 공유주택이 아니라 제대로 된 공유공간과 프로그램이 마련된 공유주택이어야 한다. 비록 임대주택이지만 독립의 정서적 안정감과 이웃과의 유대감을 함께 누리고 싶은 욕구를 해소하는 공간으로 발전하고 있다.

좋은 중간주택만으로는 밀레니얼의 기대치를 충족시킬 수 없다. 삶의 질 지표에서 드러난 것처럼 밀레니얼은 문화여가를 즐길 수 있으며 주택 주변 환경이 잘 갖추어진 동네를 원하고 있다. 중간주택이 밀집된 동네에 생활 SOC 정책이 절실히 필요한 이유가 바로 여기에 있다.

결국 밀레니얼의 주거 문화를 제대로 담아낼 수 있는 주거 공간은 바로 중간주택이다. 하지만 지금의 중간주택은 그들의 기대를 충족시키지 못한다. 밀레니얼의 새로운 주거문화에 대한 수요는 앞으로 지어지는 중간주택과 동네에 많은 변화를 일으킬 것이다. 그리고 그들이 선도하는 주거문화는 우리 사회에 절실히 필요한 공동체 회복에 전기가 될 것으로 예상된다.

정부는 이러한 변화를 정확하게 분석하고 시대에 뒤처지지 않게 대비를 해야 한다. 물론 정부뿐만 아니라 민간의 시행사나 건설사들도 시장의 변화를 예의 주시하면서 변화에 맞는 주거를 미리미리 준비해야 한다. 정부와 민간이 함께 제대로 방향을 잡고 노력해야 밀레니얼의 주거문제를 해결할 수 있다.

다양성을 갖춘 커뮤니티

공유경제를 접목한 중간주택 2.0과 3.0의 가장 큰 차이는 주택의 규모다. 규모의 차이는 공유공간의 크기와 세대수에 영향을 준다. 그리고 공유공간의 크기와 세대수는 커뮤니티의 다양성을 결정하는 주요 변수로 작용한다. 물론 중간주택 2.0도 개별 공유공간의 연계를 통해 규모의 한계를 극복할 수도 있다. 어떤 방식이건 동네의 여건에 따라 적절한 방식을 선택하면 된다.

　중간주택에서 '커뮤니티'와 '다양성'을 강조하는 이유가 있다. 이 두 개의 키워드는 앞서 살펴본 밀레니얼의 자아실현 욕구와 연결되어 있기 때문이다. 중간주택에 거주하는 밀레니얼 Y세대와 후속 세대인 Z세대의 자아실현을 도와주기 위해서는 두 개의 키워드가 중간주택에 담겨야 한다. 밀레니얼을 위한 커뮤니티와 다양성은 경제의 양극화 해소와 도시 진화에도 기여한다. 경제학자 라구람 라잔Raghuram Rajan 교수는 커뮤니티의 회복은 경제의 양극화를 극복하는 해법이라고 주장*한다. 진화 생물학 분야의 대가인 하버드대학교의 스티븐 제이 굴드Stephen Jay Gould 교수는 진화의 방향과 가치는 진보가 아니라 다양성이라고 주

※　2013년부터 3년간 인도 중앙은행 총재를 지냈으며 '최고의 이코노미스트'라는 찬사를 받는 라구람 라잔(Raghuram Rajan) 시카고대 부스경영대학원 교수는 이 시대를 자본주의와 민주주의가 모두 고장난 시대로 정의하고 해법으로 지역 공동체(community)를 제안한다. "2020 신년기획/빅샷 인터뷰: 라구람 라잔 시카고대 교수 '거세지는 포퓰리즘…자본주의 부작용 해결 못한다'",《매일경제》2020년 1월 2일자

장*했다. 영국 수상이었던 윈스터 처칠Winston Churchill 역시 공간이 그 사회를 대변한다는 명언**을 남겼다. 우리가 고민하고 있는 정치, 경제, 사회 문제의 해법이 바로 공간의 다양성과 커뮤니티에서 출발한다.

여기서 주의할 점이 있다. 단순히 공유공간이 크고 세대수가 많다고 커뮤니티가 활성화되지 않는다. 아무리 물리적 공간을 잘 만들더라도 그 공간을 채울 콘텐츠가 없다면 커뮤니티는 살아나지 않기 때문이다. 입주자들이 서로의 재능을 나누고 운영 프로그램에 적극적으로 참여할 때 커뮤니티가 활성화되고 지속가능해진다. 요가, 독서, 영화, 음식, 바리스타, 와인 등 여러 가지 프로그램이 지속적으로 잘 운영되기 위해서는 거주자들이 때로는 호스트가 되고 때로는 게스트로 참여할 수 있어야 한다. 그러러면 입주자의 성별, 출신, 배경, 취향 등이 중요해진다. 바야흐로 입주자가 아니라 커뮤니티를 함께 할 수 있는 멤버를 구하는 시대가 왔다. 커뮤니티에 대한 애착은 중간주택의 정착률을 높이는 데 기여한다.

물리적 실체가 있는 공유공간을 조성하는 것에 그치지 않고 온라인 커뮤니티도 함께 운영해야 한다. '디지털 네이티브'와 '넷 제너레이션'이라는 별칭을 가진 밀레니얼의 라이프스타일을 커뮤니티 활성화에 적극 활용해야 한다. 입주자 모집, 커뮤니티 소개 및 참여, 주택 관리 등

＊　세계적인 진화생물학자인 하버드대학교 스티븐 제이 굴드(Stephen Jay Gould) 교수는 《풀 하우스(Full House)》(이명희 옮김, 사이언스 북스, 2002)에서 진화의 방향과 가치는 '진보'가 아니라 '다양성'이라고 주장한다.

＊＊　처칠은 전쟁으로 파괴된 의사당의 재건을 위한 연설에서 영국의 의사당은 양당제를 채택한 영국 의회를 가장 잘 구현할 수 있도록 부채꼴 모양이 아니라 양 당이 서로 마주볼 수 있도록 사각형으로 만들어야 한다고 주장하면서 "사람은 건물을 짓고 건물은 사람을 만든다(We shape our buildings, and afterwards, our buildings shape us)"라는 명언을 남긴다.

의 소통을 오프라인이 아니라 온라인 홈페이지나 스마트폰 앱을 통해 구현하도록 도와주어야 한다 온·오프라인을 병행할 때 커뮤니티와 다양성에 대한 기대효과는 극대화된다.

공유공간에서 입주자들을 위한 제대로 된 프로그램을 운영할 수 있는 전문 업자가 필요하다. 이게 실현된다면 앞서 살펴본 새로운 중간주택과 차원이 다른 중간주택이 늘어날 것으로 예상된다. 공간을 제대로 운영할 수 있는 전문 인력이나 회사를 양성하는 것 역시 정부가 적극적으로 나서야 할 부분이다.

다음 두 사례는 다양성을 갖춘 커뮤니티의 모범 사례가 될 수 있다. 공유공간뿐만 아니라 운영 프로그램 등 다양성을 추구하기 위한 시도가 담겨있다.

주제가 있는 주거공간과
다양한 공유 공간을 갖춘 트리하우스

서울시 강남구는 업무, 교육, 교통, 의료, 문화 등의 인프라가 잘 갖춰져 있어 많은 사람이 살고 싶어 하는 동네로 손꼽힌다. 그래서 주택 수요도 높아 주택 가격 및 임대료도 단연 국내 최고 수준이다. 부동산 문제가 뉴스에 나올 때면 자료화면으로 어김없이 등장한다.

코오롱 글로벌의 자회사인 '코오롱하우스비전'은 강남구 역삼동에서 밀레니얼의 수요를 반영한 부동산 임대사업을 시작했다. '커먼타운Common town'이라는 브랜드를 출시하고 대표 프로젝트로 '트리하우스'를 짓고 운영하고 있다. 이 집은 홈페이지를 통해 입주자 모집, 프로그램 기획, 관리 등을 한다. 홈페이지에서는 개인 공간과 공용공간에 대한 사진, 임대료, 임대 방법, 커뮤니티 등에 대한 정보를 제공한다. 홈페이지에는 생활 여건뿐만 아니라 기존 입주자들의 후기가 있어서 주거 만족도를 확인할 수도 있다.

다른 대기업의 1인 주택과 차별화되는 점은 대로변에 지어진 대형 오피스텔이 아니라 동네에 중간주택을 지어 임대 서비스를 하고 있다는 점이다. 트리하우스의 건축법상 용도는 아파트다. 민간임대주택에 관한 특별법에 의한 임대주택으로 임대 의무기간 8년 동안은 매매가 불가능하다.

트리하우스는 제2종 일반주거지역에 자리한다. 대지면적은 1,230㎡이며 연면적은 4,793㎡인데 지상층의 연면적은 2,783㎡다. 법상 건폐율은 59%, 용적률은 226%이다. 지하 1~2층은 41대의 주차가 가능하며 지상 1~8층에는 72개의 방이 있다.

트리하우스에서 눈에 띄는 공간은 입주자들의 느슨한 연대를 위한 커뮤니티 공간이다. 1~2층에는 라운지, 공유 주방, 서재, 업무공간, 시네마, 미팅룸,

공유 라운지, 공유 주방, 공동세탁실, 공유 오피스 등
1, 2층에는 입주자들의 느슨한 연대를 위한 커뮤니티
공간이 있다. 자료제공: 리베토 코리아

다양성과 커뮤니티의 접목

3~8층은 밀레니얼을
대상으로 한 설문조사
결과를 반영한 6가지
테마를 가진 방으로
구성되어 있다.
자료제공: 리베토 코리아

반려동물 샤워장 등 다양한 공유공간이 있다. 공유공간에서는 요가, 피트니스, 커피 등 입주자들의 선호도를 반영한 여러 종류의 프로그램이 운영된다. 때로는 친해진 입주자들이 자발적으로 프로그램을 만들어 운영하기도 하는데 이 과정에서 자연스럽게 커뮤니티가 형성된다.

회사 관계자에 따르면 나눔과 참여로 이루어지는 커뮤니티 프로그램에 매력을 느끼고 입주한 경우가 많다고 한다. 독립적으로 살지만 함께 어울릴 수 있는 공간과 프로그램에 대한 수요를 말해주는 것이다. 이쯤 되면 입주자 모집이 아니라 커뮤니티 회원 모집이라는 새로운 시대가 열릴 수 있을 것으로 기대된다. 그저 모여 사는 공유주택이 아니라 함께 즐길 수 있는 집이 되는 시대가 머지않았다. 기획에 참여한 회사 관계자는 당초 젊은 독신 유학파나 외국인을 입주 대상으로 고려했다고 한다. 과거 아파트가 그랬던 것처럼 새로운 주거유형을 거부감 없이 받아들일 수 있는 사람을 대상자로 정한 것이다. 공유주거는 공용공간과 커뮤니티의 가치를 잘 활용할 수 있는 입주자가 있어야 제대로 작동한다. 개인사업자, 프리랜서, 스타트업 대표, 글로벌 노마드, 전문직 종사자 등이 주로 입주하고 있다고 한다.

3~8층은 16~36㎡ 규모의 개인 주거공간으로 구성되어 있다. 주택의 규모는 16.5㎡, 23㎡, 33㎡의 세 종류에 불과하다. 하지만 방은 6가지 테마Frontier, Nomad, Cat, Terrace, Minimal, Penthouse를 가지고 있다. 밀레니얼을 대상으로 한 설문조사를 토대로 한 테마이다. 방별 특성에 맞게 가구도 달리 구성했다. 사진과 함께 공급된 가구에 대한 정보를 홈페이지에 제공해 거주 희망자가 취향에 맞게 방을 선택할 수 있도록 했다.

주택의 매매가격이 지속적으로 상승하고 있어 밀레니얼의 특성을 감안할 때 앞으로 소유보다는 소비를 하는 공유주택시장이 점점 커질 것으로 예상된다. 아직까지 소유에서 거주로 인식이 완전히 바뀐 것은 아니다. 하지만 장기적인 관점에서 집을 거주하는 공간으로 정착시키기 위한 새로운 실험이 필요하다. 그런 의미에서 트리하우스와 같은 새로운 실험이 활발하게 이뤄져야 한다.

트리하우스는 앞서 살펴본 중간주택 2.0과 차별화되는 점이 있다. 바로 대지 규모다. 트리하우스는 여러 단독필지를 합친 약 500평 규모의 대지 위에 지어졌다. 중간주택 3.0의 면모를 갖추었다. 덕분에 자주식 지하주차장을 설치하게 되었고, 그 결과 중간주택 2.0에 없는 공간을 만들어냈다.

트리하우스의 가장 큰 특징은 바로 풍부한 공유공간이다. 답답한 지하가 아니라 1~2층에 마련된 공유공간의 면적은 약 500㎡이며 중정은 높은 층고 덕분에 풍부한 공간감을 가져다준다. 단독필지에 지어진 중간주택 2.0에서는 실현하기 어려운 공간이다. 이런 공유공간 덕분에 공유주거의 질이 높아진다.

하지만 도시적 관점에서 본다면 아쉬운 점이 있다. 1층 공유공간은 입주민만 사용할 수 있다. 이웃 주민이나 길과 관계를 맺는데 소극적이다. 앞서 단독필지에 지어진 통의동 집과 용두동 집의 1층이 외부에 개방되는 공유공간이라는 점을 감안한다면 그 아쉬움이 더 크게 보인다.

트리하우스는 주거뿐만 아니라 모빌리티에 있어서도 공유경제를 도입했다. 전체 72세대에 비해 차량은 41대만 주차할 수 있다. 대신 트리하우스는 입주자 전용 공유차량 서비스를 제공하고 있다. 그래서 트리하우스를 더욱더 유심히 지켜볼 필요가 있다. 이러한 시도가 성공한다면 새로운 모빌리티와 접목해 주차장 기준을 개정하는 것도 검토해볼 필요가 있기 때문이다.

앞으로 차량을 소유한 사람이 줄어든다면 주차장을 더 줄이고 그 공간을 지역 주민들도 참여할 수 있는 프로그램을 운영하는 공유공간으로 바꿀 수 있도록 해야 한다. 특히 공유경제를 선택한 밀레니얼이 입주하는 중간주택이라면 주차장 대신 공유차량 서비스를 제공하는 것으로 정책 방향과 제도가 바뀌어야 한다. 이러한 정책은 골목 르네상스를 통한 주민의 삶의 질 향상과 보행자들이 걷는 즐거움을 함께 추구할 수 있게 해준다.

트리하우스의 임대료는 어떤 수준일까? 임대료는 평형별로 차이가 있다. 3가지 평형(16.5㎡, 23㎡, 33㎡)의 임대료는 보증금 300만원에 월 119~159만원 수준이다. 공용관리비는 월 10만원 수준이며 개별 관리비는 사용량에 따라 별도로 부과된다. 전용면적만 생각하면 비싼 가격이지만 주변 임대 시세, 공유공간과 프로그램, 생활 서비스 등을 감안하면 이를 감당할 수 있는 계층에게는 적정 비용일 수도 있다.

하지만 도시에 사는 평범한 밀레니얼이 쉽게 접근할 수 있는 수준의 임대료는 결코 아니다. 트리하우스의 임대료가 높다고 무조건 배격하지 말고 주거 다양성의 측면에서 트리하우스의 임대료를 평가해야 한다. 다양한 스펙트럼의 임대주택을 공급하고 소비자가 본인의 여건에 맞는 공간 소비를 할 수 있는 시장을 만들어주자는 이야기이다. 새로운 주거문화를 경험해야 새로운 소비를 만들어낼 수 있다.

밀레니얼이 원하는 주택을 저렴하게 공급하는 방법은 정부가 공공이나 집장수와 함께 고민해야 할 숙제다. 이러한 실험이 성공한다면 밀레니얼뿐만 아니라 다른 세대를 위한 새로운 주거유형을 마련할 수 있을 것이다.

커뮤니티 활성화를 위해
공공에서 시도한 안암생활

우리나라를 대표하는 주택공급 공공기관인 한국토지주택공사(이하 LH)가 사회주택 사업을 시작했다. LH는 다가구주택이나 다세대주택을 매입해 개보수 후 임대하는 매입임대 사업을 해오고 있다. 그런데 이번에는 숙박시설이나 업무시설 등 비주택의 공실을 주택으로 리모델링해 임대하는 사업을 추진하고 있다. 매입임대 사업과 사회주택 사업을 결합한 매입 약정형 사회주택사업이다. 이는 국토교통부의 주택 정책 방향에 따른 것이다. 국토교통부는 2017년 발표한 주거복지 로드맵의 일환으로 사회주택 공급을 시작했다. 사회주택은 1인 가구 및 청년세대 등의 주거비 부담을 해결하기 위해 저렴한 임대료로 오랫동안 안심하고 살 수 있도록 사회적 경제주체에 의해 공급·운영된다. 여기서 독특한 점은 공급과 운영이 공공이나 민간이 아닌 '사회적 경제주체'라는 점이다.

LH는 정부정책에 맞추어 기존 관광호텔을 기숙사로 리모델링해 사회주택으로 공급하면서 '안암생활'이라는 이름을 지었다. 안암생활의 주택 공급과 운영은 사회주택 기업인 '아이부키'가 담당했다. LH 관계자에 따르면 운영을 담당하는 회사는 초기 투자비에 대한 부담이 없기 때문에 사업 참여에 부담이 없다. 입주자는 주변 임대료 시세의 45%를 내고 입주하며 운영회사는 그 중 30%를 LH에 임차료로 지급하고 15% 비용으로 사회주택을 꾸려나간다.

안암생활은 지하철 1·2호선 신설동역에서 500m 거리에 있어 입지 여건이 양호하다. 직선거리로 100m 위치에 앞서 소개한 용두동 집이 있다. 안암생활은 다른 공유주택과 마찬가지로 주택과 공유공간이 혼합되어 있다.

안암생활은 제3종 일반주거지역에 위치하고 있으며 대지면적은 1,135㎡

관광호텔을 리모델링한 안암생활의
지하2층, 지하1층, 1층은 공유 공간으로
구성되고 2층부터 10층에 122호의
주거공간이 있다.
자료제공: 아이부키

다양성과 커뮤니티의 접목

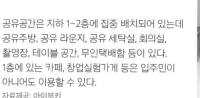

공유공간은 지하 1~2층에 집중 배치되어 있는데
공유주방, 공유 라운지, 공유 세탁실, 회의실,
촬영장, 테이블 공간, 무인택배함 등이 있다.
1층에 있는 카페, 창업실험가게 등은 입주민이
아니어도 이용할 수 있다.
자료제공: 아이부키

에 이른다. 건축면적은 358㎡이며 연면적은 5,700㎡(지상층은 2,824㎡)로 건폐
율 31.5%에 용적률 249%로 지어졌다. 중간주택 3.0에 해당한다.

주요 공유공간은 지하 1~2층에 집중적으로 배치되어 있다. 지하 2층에는
공유주방(인덕션, 싱크대, 전자레인지, 냉장고 등), 공유 라운지, 공유 세탁실 등이
있다. 지하 1층으로 연결되는 공간에 계단식 서재인 '휴먼 라이브러리'가 마련
되어 있다. 서가에는 입주자들이 자신을 소개하는 문구와 함께 좋아하는 책을
놓아두었다. 계단은 객석이 되어 워크숍이나 강연 등을 위한 공간으로 사용할
수 있다. 휴먼 라이브러리는 자신을 소개하는 공간인 동시에 커뮤니티 활성화

를 위한 공간이다. 지하 2층에서 계단식 서재를 올라가면 회의실, 촬영장, 공부나 업무를 할 수 있는 테이블 공간, 무인 택배함 등이 있는 지하 1층을 만나게 된다. 회의실, 촬영장, 공유 오피스 등은 입주자뿐만 아니라 외부인도 비용을 지불하면 이용할 수 있다. 1층은 근린생활시설로 용도변경 되었는데 누구나 이용할 수 있는 카페가 있다. 카페 한편에는 창업실험가게나 요일가게처럼 창업 실험을 할 수 있는 공간이 있다. 공용공간에서는 청년 창업지원 프로그램, 문화예술 워크숍, 청년식당 프로젝트 등의 프로그램이 운영된다.

안암생활의 운영을 담당하고 있는 '아이부키'는 공유공간을 제대로 운영하기 위해 입주자의 요건도 마련했다. 저소득 대학생·청년 예술인 중 활동계획서를 평가해 창업·창작 경험 및 공동체 생활 참여 의사가 높은 청년이 우선 선발된다. 커뮤니티가 활성화될 수 있도록 공간계획과 운영계획을 함께 마련했다. 새로운 주거문화의 가능성을 엿볼 수 있다.

커뮤니티 활성화는 온라인에서도 이루어진다. 아이부키는 입주자들이 계약서를 쓸 때 앱(APP)을 설치하도록 안내한다. 앱을 통해 서로 교류하며, 공용공간 이용 협의, 입주민 회의 등이 가능하다. 소통과 갈등 해결의 장으로 앱이 이용되고 있다. 밀레니얼 세대의 소통 방식을 안암생활 운영에 접목한 것이다.

2층부터 10층에는 총 122호(복층형 56호, 일반형 64호, 장애인용 2호)의 1인 가구용 임대주택이 있다. 각 실은 침대·수납가구가 기본 옵션으로 제공되는 방과 욕실로 구성되어 있다. 거주기간은 최장 6년이며, 임대료는 보증금 1,000만 원에 월세 27~35만 원으로 주변 시세의 약 45% 수준이다.

LH가 안암생활을 공개하자 "비좁다", "주방이 없다"는 비판에서 나아가 일부 미디어는 "3~4인 가구 생활에 맞지 않다"는 맹목적인 지적을 했다. 하지만 안암생활은 1인 가구를 위한 공유주택으로 계획되었다. 개인공간은 최소화(약 13㎡)하고 주방, 일하는 공간, 세탁실 등은 공동으로 이용하는 것이 공유주택의 개념이다. 개인실의 면적은 영국 셰어하우스 1인실 기준(10㎡)보다 더 넓다. 여기에 안암생활의 전체 공유공간은 2,250㎡인데 이를 122호로 나누면 약 18㎡나 된다. 1인 가구가 살기에 결코 작지 않다.

옥상에는 데크 위에 테이블과 의자를 놓고 그늘막을 설치해서 쉴 수 있는 휴게 공간으로 조성했다. 아울러 바비큐를 할 수 있는 장비도 갖추고 일정비용을 지불하면 루프탑의 '플렉스'를 즐길 수 있다. 안암생활의 옥상은 입주민의 휴게 및 커뮤니티 공간으로 사용되고 있다.

1층 외부 주차장에서는 공유차량 서비스를 제공하고 있다. 아이부키 관계자는 전체 입주자 중 차량 소유자가 2명에 불과하며, 대부분 공유차량 서비스를 자주 이용한다고 한다. 트리하우스와 마찬가지로 주택뿐만 아니라 모빌리티에서도 공유경제를 도입했다. 공유경제가 제대로 접목되고 있다.

LH는 안암생활 이외에 또 다른 중간주택을 준비하고 있다. 안암생활과 같은 매입임대 외에도 토지임대부나 공공지원형 사회주택*도 준비 중이다. 고양시나 평택시 등에서는 청년이나 신혼부부를 위한 사회주택 공급도 추진하고 있다. 비록 양은 적지만 공공주택 공급을 책임지고 있는 LH가 새로운 시도를 하고 있다는 사실에 의미가 있다.

※ ・토지임대부 방식: 리츠가 LH 토지를 매입하고 이를 사회적 경제주체가 임대해 사회주택으로 공급하고 15년 이상 운영하는 방식
・리모델링 방식: 사회적 경제주체가 고시원 등 15년 이상 된 근린생활시설을 리모델링해서 청년에게 재임대하는 방식
・매입임대 위탁운영 방식: LH와 같은 공공기관에서 다가구·다세대 주택을 매입하고 사회적 경제주체와 같은 운영 기관에 임대하는 형식으로 임대받은 운영기관은 대학생과 청년에게 셰어하우스로 시세의 50%로 재임대한다. 매입임대는 다시 3가지 위탁관리형으로 구분할 수 있다. 사회경제조직에게 매입임대주택을 운영관리 위탁하는 단순 위탁관리형, 사회경제조직이 설계·시공 과정부터 참여해 맞춤형 사회주택을 공급·운영하는 설계참여 위탁관리형, 사회경제조직이 민간 매입약정의 주체(컨소시엄 등)로서 희망부지 선정부터 사업에 참여하는 매입약정 위탁관리형이 있다.

새로운 중간주택에 필요한 유전자

가로주택정비사업과 아파트

재개발과 같은 대규모 정비사업에서 탈피해 소규모 정비사업을 하는 것이 바로 가로주택정비사업이다. 가로주택정비사업은 중간주택 1.0과 2.0이 밀집해 있는 동네에 중간주택 3.0을 짓는 사업이다. 가로주택정비사업은 기존의 도시조직(가로와 블록)을 유지하면서 노후 주거지를 정비한다. 사업이 완료되면 동네에 10층 내외의 아파트가 지어진다.

우리는 지금까지 사례를 찾기 어려울 정도로 아파트가 성공한 나라다. 거주와 투자 수요가 아파트에 편중되어 있다. 아파트는 독과점 상품이라 마땅한 경쟁재가 없는 실정이다. 오죽하면 프랑스 지리학자인 발레리 줄레조가 서울을 '아파트 공화국'으로 명명했을까.

아파트가 독과점 상품인 시장 상황에서 살펴보아야 할 통계는 주택 보급률이 아니라 아파트 보급률이다. 국토교통부 통계누리에 따르면 2019년 기준 서울시의 주택 보급률(주택수/일반가구수=373만9천/389만6천)은 96%에 이른다. 서울시의 보급률 수치는 전국(104.8%)이나 수

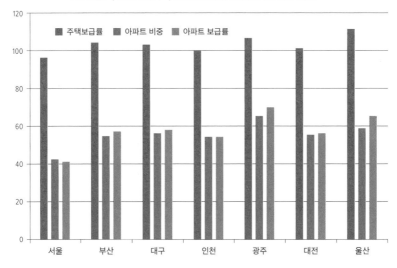

2019년 주요 도시의 주택 보급률과 아파트 보급률 비교

주택보급률　아파트 비중　아파트 보급률

서울　부산　대구　인천　광주　대전　울산

도권(99.2%)보다는 낮지만 그리 낮은 수치만은 아니다. 문제는 아파트 비중이다. 서울시의 아파트 비중은 42.2%로 여타 광역시(광주 65.5, 울산 58.8, 대구 56.2, 대전 55.5, 부산 54.8, 인천 54.2%)에 비해 낮다. 서울시의 주택 보급률과 아파트 비중을 조합해보면 서울시의 아파트 보급률이 약 43% 수준이라는 것을 알 수 있다. 결론적으로 주택시장에서 부족한 것은 주택이 아니라 아파트다.

　　그렇다면 아파트 공급은 어떻게 이루어지고 있을까. 정부가 지금까지 발표한 아파트 공급 확대는 신도시를 만들거나 재개발·재건축과 같은 대규모 정비사업을 통해 이루어진다. 하지만 아파트를 단기간에 대량으로 건설하는 것은 불가능하다. 게다가 끊임없이 생겨나고 있는 아파트에 대한 투기 수요가 지속된다면 아무리 아파트 공급을 늘려도 수요를 따라잡기 어렵다.

　　지금까지의 주택 정책으로 약효를 거두지 못했다면 조금 다른 각

도로 증상을 분석하고 처방전을 써야 한다. 시장을 이길 수 없다면 시장을 바꾸어야 한다. 시장을 잘 살펴보고 시장 원리에 입각해 수요와 공급의 패러다임을 바꿀 수 있어야 한다.

신도시 조성이나 재개발과 같은 대규모 정비사업만으로 아파트 공급을 해결하겠다는 고정 관념에서 벗어나야 한다. 대규모 아파트 단지에 대한 공급 확대는 한계가 있다. 그렇다면 아파트 단지에 대한 수요를 분산시키는 정책을 펼치는 것은 어떨까? 아파트 단지를 늘리는 대신 수요자들의 요구를 반영한 맞춤형 아파트를 단기간에 공급하자는 것이다. 수요를 억제하기보다는 새로운 수요를 만드는 전략으로 전환해야 한다. 그래야 정책이 성공할 수 있으며 지속가능할 수 있다.

이러한 상황을 타계하기 위해서는 제대로 준비된 대체재를 만들어야 한다. 이참에 중간주택 3.0을 대안으로 만들자. 생활권 계획 등을 통해 거주 환경이 좋아진 동네에 중층고밀의 아파트를 단기간에 지어서 공급하자는 이야기이다. 완전히 새로운 유전자의 중간주택이어야 한다. 그래야 사람들의 입소문을 타면서 중간주택에 대한 수요를 늘려갈 수 있다. 이러한 전략이 성공한다면 주거 안정, 동네 환경 개선, 삶의 질 향상, 사회 혁신 등에 필요한 엄청난 사회적 비용을 절감하면서 국민의 행복 지수를 높일 수 있다.

중간주택 3.0은 아직 널리 확산되지 못하고 있다. 사업 활성화의 걸림돌은 무엇일까? 주민들의 이해관계가 복잡하기 때문이다. 사업의 첫 단추인 조합 결성부터 쉽지 않다. 일부 집주인들은 정비사업을 통해 아파트 한 채를 얻기보다는 현 상태 그대로 살면서 주택 가격이 상승하고 임대수익을 얻기를 원한다. 또 다른 집주인은 주민들 간의 합의, 사업성 검토, 양도세 등 문제가 복잡하게 얽혀 있는 어려운 사업을 굳이 하고 싶어 하지 않는다. 이해관계가 다른 집주인들은 정비사업을 선택

가로주택정비사업을 진행하고 있는 연립주택단지에 설립, 사업승인을 알리는 현수막이 붙어 있다.
©박기범

하지 않고 현 상태로 버틴다. 그러다보니 대지지분이나 주택의 노후도 등 여건이 같은 노후 연립주택단지를 중심으로 가로주택정비사업이 추진되고 있다. 힘들게 주민의 동의를 얻어 조합을 결성하더라도 또 다른 난관에 봉착하게 된다. 전문성을 갖추지 못한 조합이 전문가들도 이해하기 어려운 정비사업을 추진한다는 것은 엄청난 모험이다. 자금 조달, 세금 문제, 설계자와 시공자 선정, 사업성 검토 등을 모두 조합이 해야 한다. 그래서 정부는 조합의 전문성을 높이기 위해 공공이 사업에 참여할 수 있도록 하고 이 경우 인센티브를 부여하고 있다.

더 큰 난제는 바로 낮은 사업성이다. 사업을 추진하는 조합의 입장에서는 사업성을 높여 조합원이 최소의 비용으로 새 집에 입주하도록 하는 것이 최우선 과제다. 그래서 대부분의 조합에서 가로주택정비사업에 대한 사업성을 높여달라고 정부에 요구하고 있다. 조합과 사업에 참여하는 건설사는 층수 규제 완화와 사업규모 확대를 요구한다. 이에 정부는 가로주택정비사업에 대한 층수 상한을 당초 7층에서 15층으로 완화하고, 사업규모 역시 건축심의 통과를 조건으로 달기는 했지만 대지면적 상한을 1만m²에서 2만m²로 높였다.

정부는 가로주택정비사업 활성화를 위해 각종 지원이 가능한 도시재생사업에 가로주택정비사업을 끌어들였다. 소규모 정비사업의 활성화를 위해 소관 법령은 규제 위주의 도시정비법에서 지원 위주의 소규모주택정비법으로 이관되었다. 그리고 사업을 총괄하는 국토교통부 내 부서는 주택정책관에서 도시재생사업기획단으로 이관했다. 국토교통부는 2021년 9월 가로주택정비사업 활성화를 위해 도시재생사업기획단 소속의 주거재생과를 공공주택본부 소속으로 변경하고 과 이름도 도심주택공공협력과로 바꾸었다. 이러한 조직 개편은 가로주택정비사업 활성화를 위한 국토교통부의 의지를 보여 준다.

사업성을 높여 가로주택정비사업이 활성화되어 아파트 공급량이 늘어나면 주민의 삶과 동네 환경이 좋아질까? 가로주택정비사업이 소규모 아파트 공급을 늘리는 것에만 집중해서는 안 된다. 중간주택 2.0을 대표하는 다세대주택과 다가구주택이 소형 임대주택이라는 정책적 임무를 완수했음에도 불구하고 부정적 평가를 면치 못한 원인을 앞서 살펴보았다. 중간건축은 주택의 양적 공급 확대에만 치중하는 과오를 이어받아서는 안 된다.

도심에서 이루어지는 대표적인 소규모 정비사업인 가로주택정비사업은 새로운 삶터 조성에만 치중하지 말고 앞서 살펴본 골목 르네상스, 다양성, 커뮤니티 등의 가치를 담아낼 수 있어야 한다. 그래야 우리 사회가 당면한 여러 문제를 공간을 통해 해결할 수 있다.

일부 독자는 공공에서 할 일을 민간에 떠맡긴다고 비판할 수도 있다. 새로운 유전자를 심는 과정에 사업성이 떨어진다면 이를 만회할 수 있도록 정부가 지원해야 한다. 규제 완화와 금융지원 등 다양한 지원책과 더불어 기존에 추진하고 있던 도시재생 등 각종 지원사업과 연계하는 방안도 생각해볼 수 있다.

용적률 상향

가로주택정비사업이 시행되는 동네는 대부분 제2종 일반주거지역이다. 서울시의 경우 제2종 일반주거지역의 용적률 상한은 조례로 200% 이하로 제한하고 있다. 그런데 앞서 중간주택의 변천사에서 살펴본 것처럼 기존 중간주택의 용적률은 이미 200%에 육박한다. 심지어 1990년대 지어진 다세대주택은 용적률이 200%를 초과하며, 지하층을 포함할 경우 실질적인 용적률이 250%를 훌쩍 넘는다. 결론적으로 가로주택정비사업을 하면 주택의 크기가 이전보다 줄어든다. 현행 용적률 규정 안에서는 가로주택정비사업의 활성화를 기대하기 어렵다. 중간주택 3.0 활성화가 요원하다. 물론 소규모 정비사업을 추진할 때 전체 주택의 20%를 공공임대 주택으로 공급할 경우 용적률 상한을 법에서 정한 250%까지 완화해 준다. 그리고 공공개발 방식을 도입하면 용적률을 법적 상한의 120%까지 높여주되 늘어나는 용적률의 20~50%는 공공임대 주택을 지어 기부채납하도록 하는 개정안이 발의되었다. 법이 시행된다면 제2종 일반주거지역의 용적률을 200%에서 300%로 늘릴 수 있게 된다. 참고로 주거지역 종세분화 이전에는 주거지역의 용적률 상한이 300%였다.

가로주택정비사업의 용적률 상한을 300%로 높이면 어떨까. 역세권이나 기반시설이 잘 갖추어진 동네는 용적률을 더 높여도 도시에 부담이 되지 않는다. 향후 재택근무와 온라인 교육의 보편화, 1인 가구의 증가, 자율주행과 카 셰어링의 상용화, 드론의 대중화 등 교육 및 교통 등과 관련된 인프라에 대한 부담이 줄어든다면 용적률 상한을 더 높이는 것도 검토되어야 한다. 필요하다면 전문가의 심의를 거쳐 인프라에 부담을 주지 않는 조건에 맞을 경우 용적률 완화 범위를 정하는 것도 가능하다. 도시와 건축분야 전문가들이 지혜를 모은다면 용적률을 높이는 슬기로운 해법을 찾아낼 수 있을 것이다.

그런데 중간주택 2.0의 경우 일조 관련 높이제한 규정 등으로 인해 용적률을 완화하더라도 용적률 300%를 달성하기 어렵다. 우선은 중간주택 3.0을 조성할 수 있는 가로주택정비사업을 대상으로 용적률 상한을 300% 수준으로 상향하는 방안을 검토할 수밖에 없다.

제2종 일반주거지역의 용적률 상한을 300%로 높이면 도심에 가용공간은 얼마나 늘어날까? 서울시내 제2종 일반주거지역(약 1억4천만㎡)의 용적률을 100%만 높여도 기존에 개발되었던 면적을 제외하고 신규로 1억4천만㎡가 더 생긴다. 수치만으로는 어느 정도 규모인지 감을 잡기 어려울 것이다. 늘어나는 면적은 약 1만 세대가 거주하는 헬리오시티 아파트 단지(서울시 송파구 소재)의 주택부문 전체 연면적 99만㎡(주차장 포함 시 156만㎡)의 약 140배에 해당한다. 주택으로만 개발한다면 140만 세대를 유치할 수 있는 엄청난 규모다. 세대당 가구원 수 평균 2.3인으로 계산하면 322만 명을 수용할 수 있다. 실로 어마어마한 물량이다.

기존 동네의 용적률을 높인다면 관련된 건축 산업이 우리 경제에 미치는 영향도 매우 크다. 용적률 상한을 300%로 높인다면 지하 주차장을 제외한 연면적의 총 합계는 4억2천만㎡에 이른다. 이에 따른 공사비만 해도 최소 약 738조원(공사비 600만원/3.3㎡ 기준)에 이르는 어마어마한 규모다. 여기에 지하주차장 공사비, 설계비, 감리비 등을 포함할 경우 건축 산업의 규모는 더 커진다. 다만 이 수치는 제2종 일반주거지역 전체가 바뀌는 것을 전제로 산출한 수치다. 실제 제2종 일반주거지역 전체에서 가로주택정비사업이 시행될 수는 없다. 하지만 가로주택정비사업과 같은 소규모 정비사업이 활성화된다면 실현가능한 목표가 될 수 있다. 물론 목표 달성은 일시적인 것이 아니라 동네별로 시차를 두고 천

천히 이루어질 것이다.

이처럼 동네에 신도시를 만든다면 신도시 개발에 따른 토지 투기도 근절할 수 있으며, 조 단위의 엄청난 토지 보상비가 경제에 미칠 영향도 고민할 필요 없으며, 광역 교통에 대한 정부 재정 투자도 고민할 필요 없으며, 기존 도심이 쇠퇴하는 것은 더더욱 고민할 필요가 없다. 그뿐 아니라 계획에서 준공까지 시간이 오래 걸린다는 고민도, 대기업 중심의 사업 구조에 대한 고민도, 도심에 스타트업을 위한 공간부족 문제 등에 대한 고민도 필요가 없다. 발상의 전환을 통해 동네에 신도시를 조성해볼 때가 되었다.

단 조건이 있다. 용적률을 그냥 높여주어서는 안 된다. 주택만 늘어난다면 우리가 기대하는 용도혼합, 공동체 회복, 가로활성화, 도시 다양성 등의 효과는 기대할 수 없게 된다. 그렇게 되면 노후 동네를 정비하면서 동네에 사는 사람들의 삶의 질을 높이고 도시의 경쟁력을 회복할 수 있는 마지막 기회를 날려버리게 된다. 용적률을 높이는 대신 다양성과 공공성을 확보하는 전략을 준비해야 한다. 용적률을 높이는 대신 지켜야 할 원칙이 있다. 건물의 크기만 키우는 것이 아니라 저렴한 일터와 삶터를 균형 있게 조성하고 건강한 동네를 만드는 프로그램을 함께 마련해야 한다. 이 목표를 달성할 수 있다면 용적률 상향에 따른 이익을 환수하지 않아도 된다. 동네 환경 개선, 공동체 회복, 다양성 실현, 골목 경제의 부활, 주민의 삶의 질 향상 등을 비용으로 환산하면 개발이익보다 훨씬 더 많기 때문이다.

가로주택정비사업의 용적률 상한을 300%로 높이려면 함께 검토해야 할 것들도 있다. 용적률을 높이면서 층수가 높아지는 문제는 어떻게 풀 것인지, 일터와 삶터 등 용도를 어떻게 섞을 것인지, 주민을 위한 공유공간은 어디에 얼마나 조성할 것인지, 골목 활성화를 위해 1층의 용도는 어떻게 정할 것인지 등에 대한 논의를 지금부터 하나씩 시작해야 한다.

건폐율 하한

2020년 재건축 사업에 대한 용적률 및 층수 완화 관련 내용이 담긴 8.4 부동산 대책이 발표되자 일부 언론은 용적률을 500% 수준으로 완화하고 50층으로 재건축을 허용하면 빽빽한 닭장 아파트가 될 것이라는 우려의 기사를 냈다.* 이 의견에 고개를 끄덕일 독자도 많을 것이다. 용적률을 높이는 것이 답답한 닭장 아파트를 양산하는 것과 동일한 의미는 아니다. 용적률을 높이되 층수를 높이지 않으면 된다.

현재 아파트 단지 개발 방식을 살펴보자. 대부분의 아파트 단지는 용적률과 층수는 법적 상한까지 개발하지만 건폐율은 상한보다 훨씬 낮다. 지상에 차 없는 아파트 단지에 대한 열풍이 불면서 외부 공지를 많이 확보하기 위해 건폐율을 낮추고 층수를 높이는 것이 단지계획의 트렌드로 정착되면서 생긴 현상이다. 그래서 아파트 단지는 법에서 정한 건폐율 상한인 60%의 1/4 수준인 약 15%에 머무르고 있다. 그러다 보니 용적률을 높여준다면 건폐율을 늘리지 않고 층수를 높이는 방법을 택하고 있다. 일견 건폐율을 낮추면 외부 공간도 많이 생기고 주변 동네 사람들도 이용할 수 있으니 좋은 해법처럼 보인다. 그러나 아파트 단지에 가보면 이러한 셈법이 틀렸다는 것을 확인할 수 있다. 건폐율이 낮은 단지는 외부공간은 잘 조성했지만 외부인에게 닫혀 있다. 담장과

* 서울 도심에 '닭장 아파트'? 고밀개발 논란", 《이투데이》 2021년 2월 7일자

대문으로 빗장을 치고 외부인의 출입을 철저히 막는다.[**] 최근 아파트 놀이터의 외부인 출입금지가 사회적 이슈가 되었다.[***] 아파트 단지가 거대한 섬이 되어 도시공간을 단절시키고 있다. 그 누구도 건폐율이 낮고 층수가 높은 고층아파트 단지를 질타하거나 불편해하지 않는다. 주민들이 조성비용을 냈으니 외부인에게 폐쇄적인 것은 당연하다고 생각한다. 오히려 섬처럼 단절된 대규모 아파트 단지Gated community에 살기를 원하는 사람이 늘고 있다.

게다가 건폐율을 낮추면 층수가 높아지면서 동수는 줄어들게 된다. 이렇게 되면 동일한 주동의 형태와 평면이 반복되어 획일성이 높아진다. 세대수는 많아도 평면은 고작 몇 개에 불과하다. 이러한 한계를 극복하기 위해 저층부와 고층부의 재료나 색을 달리하도록 강요하고 있지만 공간의 획일성이라는 한계를 벗어나기에는 역부족이다.

용적률을 슬기롭게 높이는 방법을 이미 19세기 이전부터 중층고밀의 골격을 갖춘 유럽 도시에서 찾을 수 있다. 2020년 8월 개최된 "공공임대주택계획 패러다임 전환을 위한 국제심포지엄"에서 김영욱 교수는 유럽의 주거단지에 대한 분석 결과를 발표했다. 발표자료에 따르면 유럽 도시 유명 주거단지들의 용적률은 300~500% 수준으로 우리나라 고층 아파트 단지의 2배 수준이다.

유럽 도시들은 경관상 답답해 보이지 않으면서 용적률을 어떻게 높였을까? 중층고밀의 골격을 갖춘 유럽 도시에서 살펴봐야 할 것은 용적률뿐만 아니라 건폐율이다. 용적률 300~500% 단지의 건폐율은 60% 내외다. 덕분에 층수도 6~8층으로 우리나라 아파트 단지보다 훨

[**]   MBC, 〈아파트 단지 빙 둘러 보안문…"외부인 출입금지" 논란〉, 2021년 12월 21일 방송
[***] "'남의 놀이터 오면 도둑' 아이들 신고한 입주자 대표 "잘못한 게 뭐 있다고… 사과할 생각 없다"", 《세계일보》 2021년 11월 11일자

용적률과 층수의 상관관계 비교

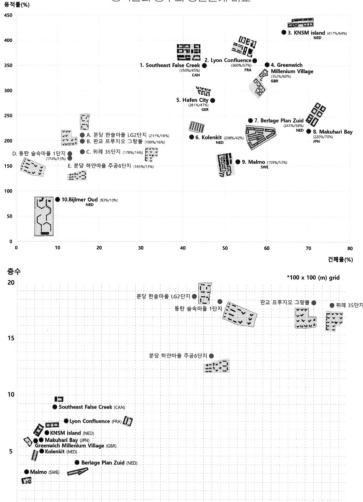

용적률이 낮은(200% 내외) 우리나라의 아파트 단지(붉은 색)는 보행친화적 도시환경 조성에 한계가 있는 슈퍼 블록 고층(100x500m, 12층 이상)인 반면 용적률이 훨씬 높은(300% 내외) 유럽의 아파트 단지(검은 색)는 블록의 크기가 걷기 좋은 규모로 보행자들에게 위압감을 주지 않는다(100x100m, 7층 내외). 차이는 건폐율 때문이다. 우리나라의 아파트 단지는 20% 내외인 반면, 유럽의 아파트 단지는 60% 내외로 비교적 높은 편이다. 자료제공: 김영욱

중정형 주택의 건폐율 비교

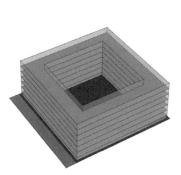

건폐율 50%, 용적률 300%, 6층

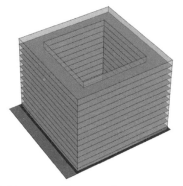

건폐율 25%, 용적률 300%, 12층

타워형 주택의 건폐율 비교

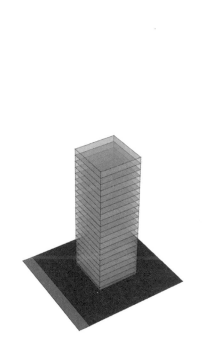

건폐율 15%, 용적률 300%, 20층

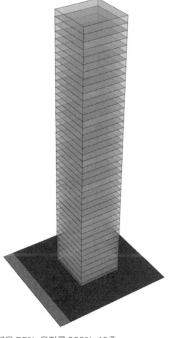

건폐율 7.5%, 용적률 300%, 40층

씬 낮다. 용적률을 높일 때 건폐율도 함께 올리면 층수는 자연스럽게 낮아진다. 건폐율 15%에 용적률 300%로 개발하려면 20층으로 설계해야 하지만, 건폐율 50%를 기준으로 제시하고 용적률 300%를 채우려면 6층이면 충분하다. 용적률을 높이면서 도시경관을 해치지 않는 슬기로운 해법이 바로 건폐율에 숨어 있다.

그렇다고 무턱대고 건폐율만 높여서는 절대로 안 된다. 건폐율을 높이되 제대로 된 외부공간을 조성해야 한다. 유럽 도시들이 용적률과 건폐율을 높이면서도 경관을 유지하고 답답하지 않도록 중간주택을 만든 비법은 바로 중정이다.

중정

독일, 네덜란드, 오스트리아 등 유럽 국가들은 오래 전부터 중정을 둘러싸는 블록형 중층고밀의 집합주택을 전통으로 유지하고 있다. 그런데 기능, 위생, 경제성 등의 시대정신으로 무장한 근대건축의 일자형 고층 아파트에 밀려 점점 설 자리를 잃었다. 하지만 이러한 근대주의 건축은 그리 오래가지는 못했다. 유럽은 일자형에서 중정형 집합주택으로 다시 눈을 돌리게 된다. 중정형 집합주택으로 회귀는 위생, 기능, 경제성을 경시해서가 아니다. 도시의 역사성과 인간성을 더 중시했기 때문이다. 이러한 가치를 지켜내기 위해 안전, 공사비, 공사기간, 행동학 등 유관 분야의 연구 결과를 토대로 가로에서의 삶이나 만남을 중시하는 중정형 중층고밀의 집합주택으로 돌아섰다. 사회적 합의가 있었기에 가능한 일이다.

우리 사회는 중정을 가진 한옥을 오랫동안 지켜왔음에도 불구하고

유럽 중정형 집합주택의 중정 ⓒ박기범

중정형 공동주택에 그리 호의적이지 않다. 호의적이지 않은 것이 아니라 배타적이다. 중정형 공동주택이 필요하다고 이야기할 때마다 들려오는 불만의 목소리가 있다. "그건 책에서나 가능해", "살아봤어?, 불편해", "분양이 될 것 같아?", "우리는 유럽이 아니야", "판상형 고층 아파트가 최고야", "사업성이 없어", "순진한 생각이야"… 비난이 거침없이 쏟아져 나온다.

중정형은 판상형이나 타워형 아파트에 비해 채광, 환기, 사생활 보호 등에서 불리하다는 이유로 사업자와 거주자 모두 기피하고 있다. 주택 시장에서는 여전히 녹지 위에 타워형 초고층 아파트가 상한가다. 일부 중정형을 시도한 아파트 단지 사례가 있기는 하지만 시범사업 수준에 불과하다.

그런데 우리 사회는 유럽 도시의 중정형 집합주택에 대해 배타적이지는 않다. 에어비앤비air B&B 덕분에 해외여행 때 호텔이 아니라 현지인이 사는 주택에 머물 기회를 가질 수 있게 되었다. 과연 유럽 도시의 중정형 주택에 머물면서 드는 느낌은 무엇이었을까? '과밀'이나 '불편'이라는 부정적 단어보다는 '아름답다' 또는 '살고 싶다' 등 긍정적 단어가 떠올랐을 것이다. 물론 거주가 아니라 일시 머무르는 여행에서 느끼는 감정이거나 중정을 제대로 체험한 결과이거나 유럽에 대한 막연한 동경일 수도 있다.

그렇다면 국내에 지어진 중정형 공동주택에 살고 있는 사람들은 어떤 생각을 가지고 있을까? 다행히 중정형 주택에 거주하는 사람을 대상으로 거주 후 평가를 한 연구*가 있다. 거주하는 층수에 따라 일부 편차가 있기는 하지만 당초 예상과 달리 소음, 채광, 환기, 조망, 프리이버시 등에서 불리하지 않고 거주 만족도도 양호한 것으로 조사되었다.

국내에 중정형 공동주택이 많지는 않지만 대규모 택지개발사업을 할 때 시범적으로 일부 지었다. 서울 강남보금자리주택 지구나 은평 뉴타운 등에 가면 중정형 아파트를 만날 수 있다. 강남보금자리지구에는 국제공모전 형식으로 진행된 공모전에서 당선된 네덜란드 건축가 프리츠 반동겐Frits van Dongen이 설계한 중정형 단지(LH 강남 힐스테이트)가 있다.

용적률과 건폐율을 높이고자 한다면 중정을 적극 활용해야 한다. 중정은 1층의 용도나 접근성에 따라 쓰임이 달라진다. 1층을 주택으로 계획하고 출입구를 통해서만 접근할 수 있다면 중정은 입주자만 이용할 수 있다. 1층을 가게로 계획하더라도 중정으로 들어갈 수 없다면 그 중정은 여전히 입주자를 위한 것이다. 그런데 중정으로 접근할 수 있는 여러 개의 출입구를 설치하고 1층을 상가로 계획하면서 상가에서 1층으

* 의정부 녹양지구(1,173세대, 중정 78×30m)와 은평1지구(335세대, 중정 65×35m형)의 중정형 집합주택의 거주자를 대상으로 실시한 설문조사에서 75%가 중정형에 거주하는 것에 만족한다고 응답했다. 성기수, 〈국내 중정형 집합주택단지의 居住後評價와 개선방안에 관한 연구〉, 《대한건축학회 논문집》 29권 5호, 2013년 5월

국제공모전에서 당선된
네덜란드 건축가
프리츠 반동겐이 설계한
중정형 아파트 단지
LH강남힐스테이트.
자료제공: LH

로 접근할 수 있다면 그 중정은 입주자뿐만 아니라 방문객을 위한 중정
이 된다.

　건축가는 창의적인 설계를 통해 중정의 힘을 보여주어야 한다. 그
리고 건축물의 다양성과 더불어 커뮤니티의 회복이라는 진가가 발휘되
는 공간이 중정이라는 것을 사람들이 인식할 수 있도록 해주어야 한다.
중정에 대한 인식이 바뀐다면 중정은 단순히 비워진 공간 이상의 효과
를 도시건축에 가져다 줄 것이다.

가로주택정비사업, 다성 이즈빌과
등촌 파밀리에 더 클래식

최초의 가로주택정비사업, 다성 이즈빌

가로주택정비사업으로 완성된 중간주택 3.0을 살펴보자. 강동구 천호동에는
서울시 최초로 준공된 가로주택정비사업의 성과물이 있다. 8호선 암사역에서
500m 거리에 있으며 도보로 5분이면 한강공원에 접근할 수 있어 거주 여건
이 양호하다. 한강변에 위치한 대규모 아파트 단지와 중간주택 사이에 있다.

　대지면적은 약 3,333㎡로 중간주택 3.0의 면모를 갖추었다. 1987년에 준
공된 3층짜리 연립주택 3개 동(66세대)을 철거하고 30년 만에 7층 아파트 한
개동(96세대)을 건립했다. 아파트 이름은 '다성 이즈빌'이라고 지었다. 당초 인
근 노후 주택들과 더불어 재개발을 추진했으나 주민 합의가 지체되고 이로 인
한 주택 노후화로 인해 3개 동으로 구성된 동도연립 주민들은 조합을 구성하
고 가로주택정비사업을 추진하게 되었다. 원주민 66세대가 모두 조합원으로
가입해 조합원 정착률 100%를 달성했으며, 30세대가 일반분양 되었다.

　일반적으로 재개발이나 재건축 등 대규모 정비사업의 경우 사업기간이
8~10년 걸리는 것에 비해 가로주택정비사업으로 추진된 다성 이즈빌은 조합
설립일로부터 약 2년 만에 입주가 이루어졌다.[*]

　당초 계획대로 주변 노후 주택들과 함께 재개발을 추진했다면 고층 아파
트 단지로 조성했을 것이다. 그런데 다성 이즈빌은 당시 가로주택정비사업의

※　2015년 9월 조합설립 인가, 2016년 6월 사업시행 인가, 2016년 11월 착공, 2017년 11
월 준공

최초의 가로주택정비사업으로 지은 다성 이즈빌은 동네와 단절되고 빈약한 커뮤니티 공간이 아쉽다.
©박기범

새로운 중간주택에 필요한 유전자

층수 규제인 7층 이하의 기준을 준수하게 되면서 중층고밀로 지어졌다. 다성 이즈빌은 아파트와 다가구·다세대주택의 중간에 위치하고 있는데 층수와 규모 면에서 주변 동네와 잘 어우러지고 있다.

소규모 사업의 필요성은 시공사의 규모에서도 잘 드러난다. 다성 이즈빌의 시공사는 대기업이 아닌 지역에 기반을 둔 중소건설업체인 다성건설(주)이다. 중간주택 3.0의 시장은 대기업과 중소기업 모두에게 열려있음을 보여준다. 그리고 지역 기반의 중소기업의 성장 가능성을 보여주었다.

다성 이즈빌의 용도지역은 제2종 일반주거지역이다. 용적률은 사업 전 약120%에서 사업 후 200%로 높아졌다. 건폐율은 41.5%로 아파트 단지 20%보다 높다. 층수 제한에 따른 용적률 확보를 위해 건폐율을 높였다. 지하 1층은 대부분 주차장이며, 일부 전기실, 펌프실, 방재실, 관리사무소 등으로 쓰인다.

한 동인 다성 이즈빌은 ㄷ자형으로 지어져 중정이 있다. 중정은 전면에 있는 다가구·다세대주택을 향해 열려 있다. 중정에 서면 답답할 것이라는 편견은 일거에 사라진다. 고요하고 정온하다. 하지만 중정이 주차장으로 이용되다보니 주민의 휴식이나 커뮤니티의 장으로 활용되지 못하고 있다. 커뮤니티 공간은 지하 1층에 마련된 주민회의실(43㎡) 하나에 불과하다.

단지는 사면이 도로에 면해 있다. 도로와 주택의 관계는 여느 아파트 단지와 마찬가지로 분리되어 있다. 단지 출입구를 제외하면 도로와 만나는 부분은 외벽이거나 조경공간으로 조성되어 있다. 다성 이즈빌뿐만 아니라 가로주택정비사업으로 준공된 단지 대부분 유사하다. 다성 이즈빌의 빈약한 커뮤니티 공간과 도로와 단절된 관계 등은 주변과의 관계나 커뮤니티 활성화에 기여하지 못하고 있다. 가로주택정비사업이 어떻게 조성되어야 바람직한 도시건축이 될 수 있는지 다시 생각해야 한다.

길과 소통하는 등촌 파밀리에 더 클래식

가로주택정비사업은 '다성 이즈빌' 이후 어떻게 진행되고 있을까? '다성 이즈빌'보다 3년 늦게 입주한 강서구 등촌동 '등촌 파밀리에 더 클래식'을 살펴보자. 신동아 건설에서 시공하고 2020년 6월에 입주했다. 입주가 완료되었지만 여전히 홈페이지www.familie.kr/deungchon를 통해 정보를 제공하고 있다.

서울시 강서구 등촌동 643-56번지 일원에 노후된 '삼안 연립주택'을 가로주택정비사업으로 재정비했다. 대지면적 약 4,265㎡에 연면적 11,616㎡로 지어져 용적률은 196%로 제2종 일반주거지역의 용적률 상한에 가깝게 지어졌다. 지하 1층, 지상 7층 규모 2개 동(1단지: 67세대, 2단지: 53세대)에 걸쳐 총 120가구(일반분양 33가구)*가 조성되었다. 지하층은 근린생활시설과 주차장, 지상층은 아파트로 설계되었다.

특이한 점은 건폐율인데 일반적으로 아파트 단지가 건폐율 20% 이내인데 반해 건폐율이 45%로 비교적 높다. 앞서 살펴본 다성 이즈빌과 마찬가지로 층수를 7층으로 제한하자 용적률 확보를 위해 건폐율을 높인 것과 같은 원리다.

대지가 둘로 나누어져 있어 각각의 규모가 작다보니 ㅁ자 중정이 아니라 한쪽 면이 열려 있는 중정을 조성하기 위해 주동을 ㄷ자와 ㄱ자로 배치해 중정에서의 답답함을 해소하려고 했다. ㄷ자형의 중정은 비록 규모는 작지만 주민들의 커뮤니티 공간으로서 역할을 충분히 할 수 있는 규모로 조성되었다.

다성 이즈빌과 달리 다양한 주민편의시설이 계획되었다. 1단지에는 관리사무소, 경비실, 라운지, 노인정, 독서실, 무인택배함, 주민공동시설, 근린생활시설이 설치되었다. 2단지에는 관리사무소, 노인정, 휴게실, 무인택배함, 근린생활시설이 배치되었다. 이러한 주민편의시설들이 초기에 준공된 다성 이즈빌과 차별화되는 점이다. 경사지에 있어 도로에 면한 경사 부분 지하층 일부에 근린생활시설을 계획했는데 가게나 사무실로 사용된다. 사면이 모두 주택인 다성 이즈빌과는 다른 골목 경관을 연출하고 있다. 길과 소통하고 있다.

가로주택정비사업은 기존 도시조직과 조화 및 다양성의 실현 등 새로운

✻ 48㎡ 14가구, 49㎡ 48가구, 56㎡ 26가구, 62㎡ 19가구, 66㎡ 1가구, 70㎡ 4가구, 79㎡ 7가구, 90㎡ 1가구

디성 이즈빌보다 3년 늦게 입주한 등촌 파밀리에 더 클래식은 작지만 중정을 확보하고 커뮤니티 공간을 마련했으며 저층부에 근린생활시설을 계획해 동네와 소통하려는 의지를 보여 준다. ⓒ박기범

새로운 중간주택을 위한 준비

도시주거에 대한 대안이 되기에 충분한 조건을 갖추고 있다. 그렇지만 그저 덩치만 커지는 것이 아니라 앞서 살펴본 골목 르네상스, 다양성, 커뮤니티라는 키워드를 담아낼 수 있어야 한다. 이것은 시장의 수요에 부합하여 임대 수요를 높이는 길이며 동시에 도시건축적 가치를 높이는 방법이기도 하다. 가로주택 정비사업으로 조성된 두 개의 사례는 앞으로 사업을 어떻게 추진해야할지 정부, 공공, 조합, 건축가에게 숙제를 던지고 있다.

가로주택정비사업의 이상형,
사운즈 한남

2018년 4월 서울시 용산구 한남동에 사운즈 한남이 문을 열었다. 한남동은 전통적인 강북의 고급 주거지역이다. 비교적 넓은 대지에 각국의 대사관이나 대기업 회장의 주택이 오래전부터 자리하고 있는 동네여서 주택 가격도 한강 맞은편 동네인 강남에 버금간다.

서울의 중심에 자리하고 있을 뿐만 아니라 강변북로나 올림픽대로 접근성도 우수해 그야말로 사통팔달이다. 바로 앞 한남대교를 건너면 금융 및 IT 기업이 밀집한 테헤란로이며 남산 1호 터널만 지나면 대기업 본사가 있는 을지로와 종로다. 게다가 용산공원, 한강, 남산에 인접하고 있고 리움 미술관, 국립극장, 블루스퀘어 등 문화 인프라도 잘 갖춰져 있다. 이런 동네에 사운즈 한남이라는 중간주택이 들어섰다.

사운즈 한남이 위치한 동네의 도시조직을 살펴보자. 블록의 크기는 90×45m로 걸어 다니면서 동네를 구경하기 수월하다. 대지 전면과 후면이 모두 도로에 접하고 있어 접근성도 우수하다. 대지면적은 약 1,956㎡로 주변의 대지 규모가 약 330㎡인 점을 감안하면 약 6개의 대지를 합친 규모다. 주차는 기계에 의존하지 않고 운전자가 차를 몰고 지하주차장으로 진입할 수 있도록 설계되었다.

사운즈 한남은 제1종 일반주거지역(건폐율 상한 60%, 용적률 상한 150%)의 규제에 맞추어 건폐율 59%에 용적률 149%로 지었다. 바닥면적의 합계는 총 8,212㎡인데 지상층의 바닥면적 합계는 2,927㎡에 불과하다. 지하 공간을 지상층보다 크게 개발했다. 용적률 상한이 150%로 낮기 때문에 이를 극복하기 위해 용적률 산정 시 면적에 포함되지 않는 지하층을 지하 4층까지 개발했다.

사운즈 한남은 전면과 후면에 여러 개의
개구부를 두어 길과 적극적으로 소통하고 있다.
©박기범

새로운 중간주택에 필요한 유전자

법상 용적률은 낮지만 지하층까지 개발한 덕분에 실질적인 용적률은 420% 수준이다.

사운즈 한남에는 주택과 근린생활시설이 섞여 있다. 전체 3개 동 중에서 1개 동은 모두 근린생활시설이며 2개 동은 1, 2층에 근린생활시설을 배치하고 3층 이상은 소형주택으로 만들었다. 저층부에 상점을 두고 상층부에 주거를 두는 용도혼합은 동네의 흔한 상가주택에서 볼 수 있는 것과 같다. 동네 상가 주택과 사운즈 한남의 차이는 도시와 유기적 연계, 커뮤니티, 지속가능성을 위한 운영 등을 고려한 공간기획에 있다.

사운즈 한남을 기획한 JOH&Company(이하 JOH) 관계자에 따르면 개성과 실력을 갖춘 상점들과 연락을 취해서 입점을 조율했다고 한다. 왜냐하면 상점은 방문객을 위한 공간이기도 하지만 주택에 거주하는 사람들이 생활하는데 필요한 서비스 공간이기 때문이다. 통상 건물을 준공하면서 입점 업체를 모집하게 되는데 이 경우 공간에 필요한 업종의 가게를 유치하기 어렵다. 이러한 기획 의도는 입주한 상점의 업종에 잘 드러난다. 레스토랑은 거주자들의 다이닝룸이 되고, 카페는 입주민의 라운지가 되며, 서점은 주민의 서재가 되며, 중정은 거주자의 마당이 되며, 편의점의 냉장고가 우리 집 냉장고가 되도록 했다. 덕분에 주택의 전용공간은 작지만 실내 공간의 여유가 생겨 생활은 불편하지 않다는 평을 받는다고 한다.

기획 단계부터 운영을 고려해 공간계획 및 브랜딩을 철저하게 추진한 결과가 공간과 콘텐츠로 구현된 것이다. 다른 상점과 달리 사람들을 오래 머무르도록 하는 중요한 장소로 서점이 있었다. 책을 매개로 사람들의 만남이 이루어지는 연결 공간으로서 서점은 동네 문화와 커뮤니티 서비스를 제공하는 장소였는데 아쉽게 2021년 5월 문을 닫았다.

이러한 공간기획 덕분에 사운즈 한남은 길에 대한 접근 방식이 개방적이다. 도시와 소통하겠다는 의지가 건물의 입면에 확연히 드러난다. 길과 면한 부분에 많은 개구부를 만들었다. 길을 따라서 만들어진 개구부는 크기, 형태, 재료, 개방 여부가 모두 다르다. 전후면 길을 연결하는 통로, 중정으로 연결된 길, 가게 입구, 주택 출입구 등이 길을 따라서 만들어졌다.

사운즈 한남의 중정은 입주자는 물론 외부인 누구나 이용할 수 있게 적극적으로 개방되어 있다.
©박기범

사운즈 한남에는 성격이 다른 2개의 길이 있다. 하나는 전면도로와 후면 도로를 직접 연결하는 직선형의 길이며, 다른 하나는 중정으로 연결되는 굽고 레벨 차가 있는 길이다. 길의 성격에 맞추어 사람들이 머무는 동선과 통과하는 동선으로 구분하고 이에 맞는 상점을 배치했다. 느슨함을 즐기는 사람들을 위해서 길과 중정을 따라서 F&B, 서점, 갤러리 등 머무르고 싶은 사람들을 끌어들이는 상점을 배치하고 꽃집, 안경점처럼 비교적 머무르는 시간이 짧은 상점은 통과 동선에 배치했다.

사운즈 한남의 근린생활시설은 주거공간의 계획에도 영향을 주었다. 주거에 필요한 서비스를 저층에 입점한 상점에서 충당할 수 있게 했다. 주거공간은 최소한 요건만 갖춘 소형으로 설계되었다. 공간은 작지만 생활에 불편하지 않도록 한 것이다.

단적인 예가 바로 외부 발코니와 수납공간이다. 주택에 확장형이 아닌 외부 발코니를 두었는데, 이는 비록 작은 공간이기는 하지만 새로운 도시주거 문화를 이끌어내겠다는 기획 의도를 공간으로 표출한 것이다. 그리고 지하에는 계절용품 등을 수납할 수 있도록 세대별 수납 창고를 두었고, 세대 내에도 3m라는 높은 층고를 이용해 많은 수납공간을 확보했다.

다음으로 살펴볼 공간은 중정이다. 중정은 전·후면 도로에서 사람만 걸어서 진입이 가능하다. 중정은 시각적으로 길과 직접 연결되지 않도록 계획하고 진입부와 단차를 두어 중정에서의 위요감을 높이는데 도움을 주고 있다. 1층에 있는 중정은 지하 1층 및 2층과 계단으로 연결되어 있다. 이러한 레벨 차는 사람들을 내려다보는 재미와 보여지는 재미를 부여한다. 열림과 닫힘, 올림과 내림을 통해 공간의 미학을 제대로 보여주는 중정을 만들었다. 일견 중정을 내어주는 것이 손해라고 생각할 수도 있지만 중정 덕분에 사람이 모이고 그 덕분에 상점은 활성화된다. 사람이 찾지 않는다면 상점도 소용이 없다. 사람이 찾는 장소를 만들기 위한 전략으로 중정을 선택한 것이다.

방문자 누구나 편하게 중정으로 들락날락할 수 있을 뿐만 아니라 누구나 자유롭게 이용할 수 있는 테이블과 의자를 중정에 배치해 눈치 보지 않고 쉴 수 있도록 했다. 중정에 식재된 나무 등 조경공간은 이용자에게 편안함을 더해

동네의 흔한 상가주택에서 볼 수 있는
모습이지만 사운즈 한남의 상가는 도시와
유기적 연계, 커뮤니티, 지속가능성을 위한 운영
등을 고려해 공간기획을 세우고 입점 업체를
선정했다는 점이 다르다. ⓒ박기범

준다. 인접한 한남동 성당 쪽으로 2층에 마당을 만들고 상층부를 비운 덕분에
중정에 앉아 있어도 답답하지 않다.

　사운즈 한남의 중정은 근린생활시설이 둘러싸고 있어서 외부인에게 적
극적으로 개방되어 있다. 느림과 빠름이 있는 길, 레벨의 올림과 내림, 경관
의 열림과 닫힘 등이 있는 중정은 골목 경제 활성화, 느슨함을 즐길 수 있는 제
3의 공간, 커뮤니티 활성화, 밀레니얼의 라이프스타일 등 새로운 트렌드를 훌
륭하게 담아냈다. 기존 동네건축과는 품격이 다른 장소를 만들어 새로운 것을
경험할 수 있는 기회를 제공하고 있다. 덕분에 사운즈 한남은 단기간에 핫 플
레이스로 등극했다. 사운즈 한남은 중간주택 3.0이 동네와 관계 맺음을 할 수
있는 설계 해법에 대한 실마리를 보여준다.

　사운즈 한남을 중간주택 3.0의 사례로 선정했을 때 주변에서 반대가 많
았다. 대부분 높은 임대료를 문제점으로 지적했다. 원룸은 보증금 3,000만 원

주거공간은 최소한 요건만 갖춘 소형으로 설계되었지만 생활이 불편하지는 않다고 한다. 확장형이 아닌 외부 발코니를 두고 3m라는 높은 층고를 이용해 많은 수납공간을 배치했다. 또한 지하에도 세대별 수납 창고를 두었다. 자료제공: JOH

에 월 300만 원, 투룸은 보증금 6,000만 원에 월 600만 원 내에서 협상을 통해 임대료가 결정된다. 그리고 3개월 단위로 임대 계약을 갱신한다. 임대료가 보통사람이 접근할 수 있는 수준이 아니다. 제1종 일반주거지역에서 용적률 한계를 극복하고 지하주차장을 조성하기 위해 지하 4층까지 토공사를 했으니 사업비가 높아질 수밖에 없었다. JOH는 사운즈 한남의 입주 대상자를 주변 대사관 등에서 근무하는 직원을 타깃으로 설정했다고 한다. 그러나 실제 입주자들은 높은 층고의 주택을 선호하는 예술가나 가수가 많다고 한다.

사운즈 한남의 주택은 앞서 트리하우스와 마찬가지로 새로운 주택 수요에 맞춘 공급 방식의 다변화라는 프레임으로 들여다봐야 한다. 사운즈 한남은 경제적 여력이 있는 1인 가구의 수요를 위한 임대주택이다. 저렴한 임대주택의 공급은 정부나 LH 등 공공의 숙제로 남겨두자. 높은 임대료에도 불구하고 사운즈 한남을 살펴보는 또 하나의 이유는 중간주택 3.0이 제대로 된 도시건축으로 자리매김할 수 있는 해법을 찾으려는 것이다. 사운즈 한남에 시도된 여러 가지 시도 중에서 중요한 가치를 잘 찾아내는 것 역시 우리의 과제다.

중요한 점은 새로운 유형을 공급하지 않는다면 소비자가 새로운 것을 체감할 수 없다는 사실이다. 새로운 것에 대한 만족도가 높고 그 결과가 입소문을 탄다면 더욱 저렴한 새로운 공간 소비가 이루어질 수 있다. 우리는 변화에 대응할 수 있는 색다른 시도를 눈여겨볼 필요가 있다.

용적률 600%의 중간주택, 더샵 아일랜드파크

여의도 국회의사당 정문에서 여의도공원 방향으로 400m, 여의도 공원으로 건너가기 전에 유럽풍의 건축물을 만나게 된다. 주변에는 국회의사당, KBS와 같은 언론사, KDB 산업은행을 비롯한 은행 및 증권사 본사, 여의도 공원이 인접해 있다. 지도를 찾아보면 '더샵 아일랜드파크'라는 이름이 붙어있다. 더샵 아일랜드파크는 2016년 SBS의 한 오락 프로그램에서 개그맨 김준호의 집으로 소개되었다. 방송국이랑 가까워 연예인이 많이 사는 집으로 알려져 있다.

2007년에 준공된 더샵 아일랜드파크는 앞서 사람들이 많이 찾는 유럽이나 미국 주요 도시의 블록 크기와 유사하게 100×120m로 구획되었다. 더샵 아일랜드파크의 블록 크기는 가로주택정비사업의 최대 규모 상한인 100×100m(심의를 통해 2만㎡까지 확대 가능)에 지어진 중간주택의 규모를 가늠하게 해준다.

지하 2층부터 지하 4층까지는 주차장, 지하 1층에는 여느 아파트 단지처럼 피트니스센터, 골프연습장, 사우나, 독서실, 게스트룸, 세탁실 등 커뮤니티 시설이 집중 배치되어 있다. 지상 1층은 사면이 모두 길에 면해 있는데 출입구를 제외하면 모두 가게로 채워 있다. 2층부터 13층은 총 528세대(24타입부터 115타입)의 주거형 오피스텔로 구성되어 있다.

더샵 아일랜드파크의 건축물 대장을 살펴보면 용적률은 놀랍게도 590%다. 통상 300% 미만인 고층 아파트단지보다 2배나 높다. 앞선 사례들과 달리 용적률이 높은 것은 그만한 이유가 있다. 여의도의 용도지역은 대부분 일반상업지역이며 더샵 아일랜드파크 역시 일반상업지역에 지어졌다. 그래서 용적률이 법적 상한인 600%에 육박한다. 고층 아파트 단지보다 월등히 높은 것은

KBS방송국(왼쪽)의 전파 송출 문제로 더샵 아일랜드파크(오른쪽)는 13층으로 지어질 수밖에 없었다.
출처: 네이버 항공사진

더샵 아일랜드파크는 부지의
한계를 건폐율을 59%로 높여
극복하고 용적률은 590%를
실현했다. ©박기범

용적률만이 아니다. 건폐율은 59%로 20% 이하인 고층 아파트 단지의 3배에
달한다. 반면 층수는 고작 13층으로 고층 아파트 단지의 1/3에 불과하다.

여의도 일대의 개발 상황을 보면 건폐율을 15% 내외로 낮추고 층수를
40층 수준으로 높여 용적률 600%를 달성하려고 했을 것이다. 층수가 높아지
면 한강 조망이나 여의도 공원 조망이 가능해진다. 여의도에 지어진 주상복합
이나 업무용 건축물은 대부분 타워형의 고층 건축물이다. 그런데 더샵 아일랜
드파크는 상업지역에 지어진 건축물임에도 불구하고 유럽과 같은 중층의 중
정형이다. 다들 고층을 원하는데 왜 중층을 선택했을까?

그 비밀은 높이제한에 있다. KBS 방송국과 인접해 있기 때문이다. 방송

용적률 285%, 건폐율 19%, 35층 규모인 헬리오시티 ⓒ박기범

국은 남산으로 전파를 송출하는데 방해받지 않도록 주변 건축물의 높이를 제한하고 있다. 이러한 고도제한으로 인해 더샵 아일랜드파크는 13층으로 지어질 수밖에 없었다. 고도제한은 개발 방식의 변화를 가져왔다. 고층으로 개발하지 못하니 건폐율을 높여 용적률 상한까지 개발할 수 있는 방안으로 고층의 타워형 대신 중층의 중정형을 선택한 것이다.

당시 설계를 담당한 관계자에 따르면 시공사인 포스코 건설은 자사 브랜드(더샵)를 고려해 고급스러운 유럽 스타일로 설계할 것을 주문했다고 한다. 중정형으로 지으면서 1층 전체에 가게를 배치한 것도 유럽 건축을 의식한 것이었다. 이 건물에 대한 첫 인상이 마치 유럽 건물을 떠올리게 한데는 그만한 이유가 있었다. 그 결과 도시경관을 해치지도 않으면서, 용적률도 높이면서, 거주민들이 답답해하지 않는 설계를 이끌어냈다. 용적률을 높여도 높이를 제한하면 도시와 어울리는 집을 지을 수 있다. 수원 화서역 인근에 지어진 용적률 499% 아파트 단지에 대해 '신축 닭장 아파트' 논란이 일었다. 하지만 용적률이 90%나 더 높은 더샵 아일랜드파크를 보고 '닭장 아파트', '숨막히는 외

더샵 아일랜드파크의 중정은 가로와 연결되지 못해 입주자들의 전용공간에 가깝다. ©박기범

관', '경관을 해친다'와 같은 비난을 하지는 않는다.

고층으로 개발하는 것이 용적률을 높이는 유일한 방법이라는 편견에서 벗어나기 위해 더샵 아일랜드파크를 대규모 고층아파트 단지와 비교해보자. 송파구에 재건축된 '헬리오시티' 아파트 단지의 최고 층수는 35층이며 84개의 동이 제법 **빽빽**하게 배치되어 있다. 이 단지의 용적률이 꽤 높아 보이지만 건축물대장에 기재된 용적률은 고작 285%이며 건폐율은 다른 아파트 단지와 유사한 19%다. 더샵 아일랜드파크와 비교해볼 때 용적률은 절반이며 건폐율은 3분의 1이다. 층수가 3배로 높지만 용적률은 오히려 절반 이하로 낮다. 고층이라고 꼭 용적률이 높은 것은 아니다.

더샵 아일랜드파크는 건폐율을 높이면서 층수를 낮추는 선택을 했다. 그리고 넓은 중정을 만들었다. 중정을 둘러싸는 건물이 13층에 불과해 중정에 들어서도 답답하지 않으며, 가로에서의 소음도 없으며, 정온한 환경이 유지되고 있다.

더샵 아일랜드파크의 중정은 사운즈 한남의 중정과는 접근 방식이 서로 다르다. 더샵 아일랜드파크의 가게들은 모두 가로를 향해 있으며, 가게를 통해 중정으로 들어갈 수 없다. 가로에서 중정으로 들어가려면 반드시 정문이나 방송국 방향에서 들어갈 수 있는 후문을 통과해야 한다. 그런데 후문은 굳게 닫혀 있다. 그러다보니 중정은 입주자들을 위한 전용 공간에 가깝다.

전체를 근린생활시설로 꾸민 1층에는 여느 아파트 상가와 달리 입주민은 물론 주변 사람 누구나 편하게 머물다 갈 수 있는 가게들이 입점해 가로 활성화에 기여하고 있다. ©박기범

반면 사운즈 한남의 가게들은 중정을 향해 열려 있어 입주자보다는 상점을 찾는 사람들이 더 편리하게 이용한다. 덕분에 사운즈 한남의 중정이 규모는 작지만 많은 사람이 찾는다. 기획 의도에 따라 중정의 이용자와 쓰임새가 달라진다.

더샵 아일랜드파크는 도로에 면한 사면의 1층은 모두 가게로 계획했다. 치킨, 찜닭, 김밥, 버거, 라면, 냉모밀, 생선구이, 샌드위치, 만두, 갈비, 죽, 김치찌개, 돈까스, 우동, 해장국, 국수, 순대, 베이커리, 커피숍, 편의점 등 다양한 종류의 식당이 대거 포진해 있다. 1층이 부동산중개사무소 일색인 아파트 단지와는 대조적인 모습이다. 헬리오시티의 단지 내 상가의 업종이 대부분 입주민을 위한 것이었다면, 더샵 아일랜드파크는 입주민뿐만 아니라 방송국 등 오가는 누구나 이용할 수 있는 업종으로 채워져 있다. 덕분에 가로를 향해 열려 있는 가게들은 가로 활성화에 기여할 뿐만 아니라 가게를 이용하는 사람들의 눈은 가로를 감시하는 눈이 되어 보행자의 안전에 기여한다.

우리가 가로주택정비사업을 통해 가로 활성화를 추구하고자 한다면 더샵 아일랜드파크를 유심히 살펴볼 필요가 있다. 더샵 아일랜드파크가 가로주택정비사업으로 지어진 것은 아니지만 블록의 크기, 높은 건폐율과 용적률, 낮은 층수, 중정, 1층 상가 등을 통해 보여주는 가로활성화는 가로주택정비사업의 바람직한 가이드라인 마련에 도움을 받기에 충분하기 때문이다.

패러다임의 전환

주택정책에서 주거정책으로

오래 전부터 주택정책은 정부의 정책 공약집에 빠지지 않고 등장하는 주요 단골 메뉴였다. 지금까지 주택정책의 주요 골자는 대부분 주택공급 확대와 부동산 투기 억제였다. 그리고 그 정책의 주요 대상은 늘 아파트였다. 지금까지의 주택정책은 아파트 공급 확대와 아파트 투기 억제라고 해도 과언이 아니다. 지금도 여전히 아파트 공급 확대와 투기 억제가 주택 정책의 주요 골자다.

국민소득 3만 달러 시대의 정책 패러다임은 달라야 한다. 부동산 가격 안정도 중요하지만 정책의 목표가 아파트 가격 안정에 매몰되어서는 안 된다. 부동산 안정이라는 주택정책 만큼 중요한 것이 바로 주거정책이다. 1인 가구, 밀레니얼, 커뮤니티, 공유경제, 생활권 계획 등 새로운 개념을 담아낼 수 있는 정책이 마련되어야 한다.

국민들의 주거는 그 사회의 정체성과 맞닿아 있다. 우리가 민주주의와 자본주의를 제대로 지키고자 한다면 그 철학이 주거정책에 반영되어야 한다. 그리고 주거정책에 맞는 주택정책이 펼쳐져야 한다.

어느새 중간주택도 노후화의 길을 걷고 있다. 중간주택의 합법화가 1985년 시작되었고 1990년대 지어진 다가구주택들은 어느새 30년이 다 되어가고 있다. 이들은 아파트처럼 체계적으로 관리되지 않았기 때문에 노후화에 따른 정비가 필요한 시점이 도래하고 있다. 집주인도 주택 가격 상승에 의지한 채 정비를 마냥 미룰 수만은 없는 상황이다. 이대로 방치한다면 동네는 재개발의 수순을 밟게 된다. 기존 동네의 흔적을 모두 지우고 그 위에 대기업 브랜드의 아파트 단지가 들어설 것이 분명하다. 그렇다고 그들에게 재개발을 하지 말고 지금 그대로 살 것을 강요할 수도 없다.

일부 집주인은 개별 필지 단위로 개발을 하고 있다. 노후된 집이 새 집으로 바뀌었다. 하지만 대부분은 수익 극대화를 위해 그저 용적률 게임에만 열중한 나머지 새로운 주거문화를 기대하기 어렵다. 그렇다고 집주인이나 집장수에게 공공성을 요구할 수도 없는 노릇이다. 과연 중간주택에서 바람직한 주거문화를 기대할 수 있을까?

우리는 앞에서 새로운 주거문화의 불씨가 될 만한 흔적을 발견했다. 다양성, 공동체, 골목 경제, 슬세권 등이 바로 우리가 중간주택이 밀집되어 있는 동네에서 살려야 할 불씨이다. 이러한 새로운 가치를 중간주택을 통해 실현하려면 관련 제도가 뒷받침되어야 한다. 민간에서 문제점을 찾아내고 개선방안을 제안하면, 이를 토대로 정부가 제도 개선을 할 수도 있다. 이번에는 정부가 적극적으로 나서서 정책 방향을 마련하고 전문가의 의견을 수렴하고 제도 개선을 추진할 필요가 있다.

민간에서 채근할 때까지 마냥 미루기보다는 공공이 전면에 나서야 하는 이유가 있다. 우리 사회가 지향할 가치를 정립하고, 논의의 장을 마련하여 사람들의 의견을 수렴하고, 이를 토대로 제도적 토대를 만드는 것은 정부의 몫이기 때문이다. 거듭 강조하건대 중요한 것은 우리 사회를 바꾸고자 한다면 이러한 변화의 흐름을 대하는 정부의 대응 방식이 적극적으로 바뀌어야 한다.

이는 특정 부서에서 해결할 수 있는 일이 아니다. 소관 법령이 많다 보니 관련 정부 부처뿐만 아니라 국토교통부 내에서도 소관 부서가 여럿이다. 칸막이식 행정으로는 제대로 된 개선방안을 기대하기 어렵다. 부처나 부서별 입장은 새로운 가치와 상충되기도 한다. 이참에 혁신을 총괄하는 부처를 지정하고 부처 내 업무를 총괄하는 부서에 임무와 함께 권한을 부여해야 한다. 그리고 총괄 부서의 지휘 아래 관련 부서가 적극적으로 협조할 때 성과를 기대할 수 있다.

밀레니얼은 더 이상 정책의 시행착오를 지켜봐 줄 마음의 여유가 없다. 지금이 바로 밀레니얼의 마음을 움직일 수 있는 마지막 기회다. 지금 변하지 않는다면 밀레니얼은 기성세대와 마찬가지로 경제적 상황과 타협하고 '영끌'해서 아파트를 사야 한다. 밀레니얼의 마음을 잡을 수 있는 정책이 시급하다. 정부가 할 일이 많다. 정부는 적극적으로 나서되 긴 호흡을 가지고 지향하는 가치가 공간으로 실현될 수 있도록 인내심을 가져야 한다. 그래야 정책이 실효성과 지속가능성을 담보할 수 있게 된다. 물론 국민의 적극적인 호응이 뒷받침 되어야 한다.

새로운 중간주택 활성화에 걸림돌을 제거하는 제도 개선이나 금융 지원 외에도 정부가 할 일이 더 있다. 바로 새로운 집장수가 제대로 활동할 수 있는 판을 깔아줘야 한다. 새로운 집장수가 성장하는 것은 시장의 몫이지만 이들이 제대로 활동하고 도시의 다양성을 불어넣을 수 있는 기반을 조성하는 것은 정부의 역할이다. 이들이 적극적으로 활동할 수 있도록 상황을 살피고 제도적·경제적 지원을 확대해야 한다. 새로운 집장수들이 시장에 완전히 안착한 것은 아니다. 그들의 업무가 구체적인 사업 모델로 정착된 것도 아니다. 게다가 새롭게 만들어지는 중간주택의 양도 적어 기존 체계를 바꿀 만한 영향력도 낮다.

하지만 우리 도시, 우리 주거, 우리 사회가 지향해야 할 목표를 생각한다면 새로운 집장수들의 시도에 주목해야 한다. 이는 현재가 아니라 미래를 준비하는 일이다. 양은 적지만 새로운 중간주택의 중요성과 영향력은 시간이 갈수록 점점 더 부각될 것이다.

새로운 집장수는 새로운 트렌드를 읽어내는 것, 사업이 될 수 있는 장소를 찾는 것, 새로운 공간을 기획하는 것, 공간에 맞는 브랜드를 기획하는 것, 좋은 가게를 유치하는 것, 사람들과 지속적으로 커뮤니케이션 하는 것, 거주자를 위한 커뮤니티를 조성하고 운영하는 것, 로컬 크리에이터를 발굴·육성·홍보하는 것, 플랫폼을 조성하고 운영하는 것, 지역 콘텐츠를 발굴하고 상품화하는 것, 로컬을 브랜드화 하는 것, SNS를 통해 세상과 소통하는 것 등의 업무를 한다. 이전의 집장수 역할에서는 찾아보기 어려운 일이다.

중간주택 시장은 공간 소비자들의 새로운 트렌드를 파악하고 이를 새로운 산업으로 성장시킬 수 있는 기회의 장이다. 당근마켓이나 마켓컬리처럼 새로운 변화를 감지하고 기존에 없던 시장을 만들어 낼 수 있는 기회가 중간주택에 있다. 주류의 시선이 아니라 새로운 시선으로 시장을 개척하는 집장수가 필요하다. 창의적인 사고로 무장된 새로운 집장수가 문제의식을 가지고 중간주택에 변화를 시도할 때 지각 변동이 일어난다. 집장수가 안정적으로 활동할 수 있도록 정부가 나서야 한다.

공공의 체질 개선

기업들은 바뀌는 기업 환경에서 생존하기 위해 과감하게 체질 개선을 하고 있다. LG전자는 핸드폰 사업을 포기하고 전기자동차 생산에 뛰어들었고, 현대자동차는 자동차 생산 기업에서 모빌리티 기업으로 변신을 선언했고, 이동통신 회사인 SKT와 KT는 미디어·콘텐츠 사업에 뛰어들었다. 도시건축에는 어떠한 변화가 일어날까?

전자회사가 주택사업에 뛰어드는 구도를 상상해볼 수 있다. 미래 주택을 들여다보자. 현관을 들어서면 외투와 신발에 묻은 미세먼지와 오염물질을 제거하는 시스템, 주방에는 인덕션·오븐·환기장치·각종 가전제품, 다용도실의 세탁기와 건조기, 드레스룸에 설치된 스타일러, 천장에 달린 에어컨·공기청정기·폐열회수장치·LED 조명, 태양광 발전이 가능한 투명한 태양광 패널의 창문, 벽지는 스크린으로 대체되고, 스마트화에 따라 OS 시스템으로 주택은 관리될 것이다. 이 모든 제품은 전자회사에서 생산하는 것이다. 앞으로는 전자회사가 주택사업을 하는 것이 상상이 아니라 현실이 될 수도 있다.

기업과 마찬가지로 공공기관들도 바뀌어야 한다. 한국토지주택공사LH, 서울주택도시공사SH, 경기주택도시공사GH, 그리고 각 주택도시공사 등은 대규모 택지개발과 함께 아파트 분양 및 임대 사업을 할 수 있는 대표적인 공공기관이다. 개발 가능한 택지가 줄어드는 상황에서 공사들도 사업 모델을 바꾸어야 한다. 소위 땅장사로 생존이 어려운 시대가 다가오고 있다. 환경이 바뀌고 있음에도 불구하고 과거 비즈니스 모델을 고집한다면 공사의 존립이 위태로워질 수도 있다. 변화에 유연하게 대처하지 못한다면 빙하기 시대 공룡처럼 멸종될지도 모른다.

우선 도심에서 소규모 정비사업을 통해 제대로 된 동네 변화의 모델을 제시해줄 필요가 있다. 도시, 건축, 주거 문화를 선도하는 것도 엄연한 공공기관의 역할이기 때문이다. 지난 반세기 아파트 문화를 선도했다면 앞으로는 새로운 시대에 부합하는 새로운 문화를 이끌어야 한다.

이 책에서 제안한 사업은 공사에서 기존에 추진하고 있던 사업과는 다른 사업이다. 쉽지 않겠지만 공사의 설립 취지 등을 고려할 때 적극적으로 사업에 참여해야 한다. 공사가 이렇게 사업에 대한 태도를 바꾸려면 업무에 대한 패러다임을 바꾸어야 할 뿐만 아니라 관련 규정, 예산, 조직 등에 대한 전면적인 개편이 이루어져야 한다. 소극적인 시범사업 수준으로 대응한다면 변화할 수 있는 기회를 영영 놓칠 수도 있다.

LH와 같은 공사는 민간과 차별화된 공기업이다. 민간과 차별화된 대표적인 기능이 바로 토지를 매입하는 방식이다. 가로주택정비사업의 경우 이해관계가 다른 집주인들이 조합을 결성하기란 쉽지 않다. 연립주택을 중심으로 가로주택정비사업이 추진되는 것도 바로 이런 이유다. LH와 같은 공기업은 신도시를 조성할 때 지구지정 후 토지를 매수할 수 있는 권한이 있다. 그렇다면 도시조직에 두텁게 쌓여 있는 역사와 시간을 잘 간직하기 위해 가로주택정비사업 등에 공공기간이 참여하는 선도 모델을 만들 수 있다. 제대로 된 선도모델을 만들어야 건축주들의 참여를 유도하고 민간 사업자들이 따라할 수 있는 좋은 선례가 생긴다. 그리고 좋은 대안이 만들어져야 소비자들의 선택의 폭이 넓어진다.

기존에 추진하고 있던 매입임대사업의 포트폴리오도 개선할 필요가 있다. 처음에는 오래된 다가구 주택 등을 매입 후 임대했으나, 최근에는 신축한 주택을 매입해 임대하고 있다. 노후 주택의 보수 및 관리 등의 어려움으로 인해 신축 주택을 매입하기로 한 것이다. 하지만 동네 집장수의 집과 차이가 없다.

SH는 매입하는 주택의 품질을 높이기 위해 SH에서 위촉한 건축가가 설계한 주택을 매입하고 있다. 가격도 중요하지만 제대로 지어진 주택을 매수해 임대하겠다는 것이다. 거주할 사람의 마음을 사로잡기 위해서는 가격으로 승부해서는 안 된다. 주택에 거주하는 사람들의 품위도 생각해야 한다. 〈응답하라 1988〉에서 노을이를 친구들이 '반지하'라고 부르는 것을 본 부모의 표정을 생각해본다면 왜 중간주택의 품격이 중요한지 알 수 있다. 비록 양적으로 많지는 않지만 이러한 주택을 통해 동네의 변화를 이끌어 내야 한다.

LH는 국민으로부터 공감대를 얻는 일을 먼저 할 필요가 있다. 과거 대한주택공사가 아파트 도입 초기 단독주택에 익숙한 국민들에게 주거에 대한 패러다임 전환을 시도했던 것처럼 말이다. 공사에서 새롭게 시도하는 일은 〈구해줘! 홈즈〉나 〈건축탐구-집〉과 같은 집 소개 프로그램을 이용해 적극 알려야 한다. LH와 같은 공사는 민간 건설사와 경쟁하려 해서는 안 된다. 미래 변화에 맞추어 새로운 길을 개척하는 일이 다른 일보다 우선될 때 박수 받는 공기업으로 거듭날 수 있다.

외부적인 요인에 의한 공사의 역할 변화도 예상된다. 반세기 넘게 택지개발과 주택사업을 주력으로 해온 LH공사가 아니라 연금을 관리하는 공단이나 주택도시보증공사HUG 등에서 주택사업을 하는 것도 상상해볼 수 있다. LH는 부채가 많아 새로운 사업에 뛰어드는 것이 쉽지 않다. 특히 공공임대주택사업은 적자를 면하기 어렵다.

연기금 관련 공단에서 민간을 대상으로 영구임대주택이나 국민임대주택이 아니라 소득과 관계없이 입주할 수 있는 임대주택사업을 한다면 안정적인 수익 창출이 가능해진다. 연금관리공단 입장에서 금융상품의 경우 이자율은 낮고, 주식은 투자 위험요인이 크다. 그렇다면 임대주택사업을 통한 안정적 수익과 건전한 투자에 눈을 돌릴 필요가 있다. 한편 임대주택 수요자는 선택할 수 있는 임대주택의 종류와 임대주택에 살 수 있는 기회가 늘어난다. 수요자와 공급자 모두에게 좋은 전략이다. 연금관리공단이 전자회사와 손을 잡고 새로운 민간임대주택 사업을 펼치는 새로운 구도를 생각해보자. 연금관리공단이 건설회사가 아니라 전자회사와 연합체를 형성해서 임대주택사업을 추진하는 것도 상상이 아닌 현실이 될 수 있는 시대가 도래 하고 있다. 앞서 설명한 새로운 집장수에 연금관리공단과 전자회사가 등장할 날도 머지않아 보인다.

우리의 선택

국민은 집을 선택할 때 두 개의 갈림길에서 고민하게 된다. 하나는 아파트에 내 모든 삶을 맞추는 것이다. 많은 사람이 꿈꾸는 대규모 단지에 있는 고층 아파트에 넓은 평형을 차지하기 위해 내 삶을 맞춘다. 집값을 치르기 위해 은행에서 대출을 받고 매월 원금과 이자를 갚아나간다. 아이들이 있다면 학원비 등 사교육비 지출도 만만치 않다. 그러다보니 거주의 즐거움보다는 부동산 가격 상승에 대한 만족도가 삶의 우선순위를 차지하게 된다. 투자수익을 선택한 삶을 살아가고 있다. 지금까지는 이러한 삶이 성공한 삶으로 인정받았다. 이러한 대세를 따르지 못한 서민들은 아파트 가격 급등으로 인해 '벼락거지'로 전락했다.

　다른 하나는 기존 부동산 시장에 저항하면서 남들과 다른 내 삶을 사는 것이다. 이런 삶을 살기 위해서는 중간주택에 사는 것에 대한 사회적 편견을 견뎌내야 하며, 부동산 가격 상승에 따른 투자 수익도 기대하기 어렵다. 그렇다고 동네의 환경이나 삶의 질도 그리 만족스럽지 못하다. 지금의 주거환경에 만족하지 못하고 아파트 청약을 기다리며 하루하루를 버티는 경우가 대부분이다. 가슴 설레는 공간과 재미있는 가로에 대한 궁리가 활발할 때 사람들은 동네의 가치에 주목하게 될 것이다. 이들이 선택한 중간주택의 가치가 그저 저렴한 임대료가 아니라 동네의 풍요로움이 될 수 있어야 다양성을 추구하는 진화도시를 지지할 것이다.

도시에 살면서 아이를 키워본 경험이 있다면, 부동산을 통한 자본소득이 눈에 보인다면, 사회가 만든 중산층 이상의 삶을 누리고 싶다면 두 번째 삶을 선택하기란 결코 쉽지 않다. 나는 한지붕 세가족에서 20년, 다가구주택에서 10년, 그리고 가정을 꾸리면서 아파트에 20년째 살고 있다. 아파트 탈출을 꿈꾸며 몇 년째 대안을 찾고 있지만 마땅한 대안을 찾기가 쉽지 않다. 주변에도 아파트 탈출을 꿈꾸는 사람들이 있지만 대부분 아파트 단지 외 다른 대안이 없다고 이야기한다. 이러한 선택이 현재의 도시를 만들었고 앞으로 우리 도시를 만들어갈 것이다. 이런 상황에서 아파트에 맞춘 삶에서 벗어나라고 국민을 재촉하는 것은 모순이다. 국민을 아파트 공화국에서 탈출시키려면 아파트가 아닌 다른 대안이 있어야 한다. 아파트를 대체할 마땅한 양질의 주택이 없을 뿐만 아니라 지금까지 아파트 불패라는 부동산 신화로 인한 학습효과로 인해 국민은 아파트에 더 집착할 수밖에 없는 상황에 내몰려 있다.

문제는 아파트가 아니라 자본이다. 자본을 움직이려면 사람의 마음을 움직여야 한다. 왜 중간주택을 선택해야 하는지 사람들로부터 공감대를 이끌어 내야 자본을 움직일 수 있다.

이 책은 아파트가 아닌 다른 선택을 하라고 강요하는 내용이 아니다. 새로운 이론과 사례를 보여준 것은 지금의 아파트 강점기를 탈출할 수 있는 대안이 있다는 것을 보여주기 위함이다. 인구의 변화, 밀레니얼의 가치관, 우리 도시의 새로운 시대정신이 바로 변화의 불씨이다. 물론 이러한 제안이 정답이 아닐 수도 있다. 그저 새로운 길이 있다는 가능성을 보여주는 안내 책자의 역할을 할 수 있다면 이 책은 역할을 다하는 것이다. 선택은 국민, 정부, 사업자들의 몫이다.

단시간에 도시를 바꿀 수도 없으며, 아파트에 익숙한 사람의 마음을 금방 돌릴 수도 없으며, 정부 정책 역시 새로운 이론에 맞게 당장 바꿀 수도 없다. 조금씩 천천히 바뀐다면 새로운 시도로 보여준 동네에서의 삶을 선택하는 사람도 늘어날 것이며, 이런 변화의 불씨가 모인다면 도시도 바뀌어 갈 것이며, 정부 정책도 변화를 거듭할 것이다.

순서를 정하기는 어렵지만 현 상황에서는 국민과 사회의 변화를 요구하기보다는 정부와 공공이 앞서서 변화의 불씨를 살려야 한다. 변화를 보여주고 사람들이 합리적 선택을 할 수 있도록 도와야 한다. 이러한 변화가 새로운 사회를 이끌어 내는 토대가 될 것이다.

우리는 미래를 위한 선택을 해야 한다. 세계 경제의 불확실성과 저성장, 산업사회에서 지식정보 사회로 변화, 생산가능 인구의 축소, 인구 감소와 세대수의 증가, 빈부 격차의 증가, 초고령 사회, 밀레니얼의 새로운 삶의 방식 등의 변화 상황에서 우리는 어떤 현명한 선택을 해야 할지 지금부터 진지하게 고민하고 토론해야 한다.

이 시점에서 정부가 고민해야 할 일은 변화의 속도가 아니라 변화의 방향이라는 점을 잊지 말아야 한다. 그리고 사람들의 합리적 선택이 뒷받침 될 때 우리 도시는 다양성이 살아날 것이다. 주택정책이 아니라 주거정책이 필요한 이유이기도 하다.

특정 계획체계를 확신하고 이를 따를 것을 강조하는 것 역시 분별 있는 일은 아니다. 하지만 근대주의라는 동전의 한쪽 면만을 경험한 사람들에게 반대 면에 있는 진화도시의 길을 알려주어야 한다. 동전의 양 면을 보지 못한 채 한쪽 면만을 열망하는 상황에서는 합리적 판단을 할 수 없다.

독일의 철학자 임마뉴엘 칸트가 이야기한 것처럼 복합적인 상황을 이해하려는 노력 없이 문제를 분리해 다루려는 것은 경계해야 한다. 그래서 나는 이 책이 사람들에게 동전의 다른 면을 보여주는 메신저 역할을 할 수 있기를 기대한다.

살면서 더 이상 아파트 투기에 힐끔힐끔 곁눈질하지 않고 일상의 소소한 행복을 누리는 중산층이 늘어나기를 조심스럽게 바라본다. 정부는 이러한 삶을 살 수 있는 동네를 만들기 위한 주거정책을 마련해야 한다. 이것이 바로 헌법 정신 부합하는 국가의 의무이다.

그렇다면 여러분의 선택은 무엇인가?

참고 문헌

논문, 단행본, 보고서

건설교통부, 《건축행정편람》, 건설교통부, 1996

_____ , 《건축행정편람》, 건설교통부, 1999

국토교통부, 《2020 도시계획현황》, 국토교통부, 2018

국토연구원, 《공유주택 공급을 위한 최저주거기준에 관한 연구》, 국토연구원, 2018

김난도, 《트렌드 코리아 2021》, 미래의 창, 2020

_____ , 《트렌드 코리아 2019》, 미래의 창, 2019

김성홍, 《길모퉁이 건축》, 현암사, 2011

레이 올든버그 지음, 김보영 옮김, 《제3의 장소》, 도서출판 풀빛, 2019

리차드 플로리다 지음, 안종희 옮김, 《도시는 왜 불평등한가》, 매일경제신문사, 2018

리처드 세넷 지음, 김병화 옮김, 《짓기와 거주하기:도시를 위한 윤리》, 김영사, 2019

모종린, 《골목길 자본론》, 다산북스, 2017

바바 마사타카·하야시 아쓰미·요시자토 히로야 지음, 정문주 옮김, 《도쿄R부동산
　　이렇게 일합니다》, 정예씨출판사, 2020

박기범, 《주택관련법제에 따른 주거지 변천에 관한 연구》, 서울시립대학교 박사학위
　　논문, 2005

박상우, 〈내 마음의 옥탑방〉, 《이상문학상 수상 작품집》, 문학사상사, 1999

박철수, 《아파트》, 마티, 2013

박철수·권이철·오오세 우미코·황세원, 《경성의 아파트》, 도서출판 집, 2021

발레리 줄레조 지음, 길혜연 옮김, 《아파트 공화국》, 후마니타스, 2010

센딜 멀레이션·엘다 샤퍼 지음, 이경식 옮김, 《결핍의 경제학: 왜 부족할수록 마음은 더
　　끌리는가?》, 알에이치코리아, 2014

서울특별시, 《한 눈에 보는 서울 2019》, 2019

서울특별시, 《함께 살아 좋은 집 공동체주택 매뉴얼 북 자가소유형》, 서울특별시, 2017

서울특별시 건설관리국, 《서울특별시 건축행정편람 4: 건축행정주요지침》,
　　　서울특별시, 1985

_____ , 《서울특별시 건축행정편람 5: 건축행정주요지침 및
　　　질의회신》, 서울특별시, 1986

성기수, 〈국내 중정형 집합주택단지의 거주후평가와 개선방안에 관한 연구〉,
　　　《대한건축학회 논문집》 29권 5호, 2013년 5월

스티븐 제이 굴드 지음, 이명희 옮김, 《풀 하우스》, 사이언스북스, 2002

스카이크 칼슨 지음, 한은경 옮김, 《동네 한 바퀴 생활 인문학》, 21세기 북스, 2021

안건혁, 《분당에서 세종까지: 대한민국 도시설계의 역사를 쓰다》, 한울 아카데미, 2020

알프레도 모메스 세르다 지음, 김정하 옮김, 《도서관을 훔친 아이》, 풀빛미디어, 2018

양귀자, 《원미동 사람들》, 문학과지성사, 1987

에드워드 글레이저 지음, 이진원 옮김, 《도시의 승리: 도시는 어떻게 인간을 더
　　　풍요롭고 더 행복하게 만들었나?》, 해냄, 2011

온 공간연구소, 《우리가 슬쩍 본 도시 포틀랜드·시애틀》, 소보로, 2018

이석민 등, 《지표로 본 서울 변천 3》, 서울연구원, 2020

이신해, 《걷는 도시, 서울 정책효과와 향후 정책방향》, 서울연구원, 2019

임서환, 《주택정책 반세기》, 대한주택공사, 2002

전정환, 《밀레니얼의 반격》, 도서출판 길벗, 2019

제인 제이콥스 지음, 유강은 옮김, 《미국 대도시의 죽음과 삶》, 그린비, 2010

통계청 통계개발원, 《국민 삶의 질 2020》, 2021

한국부동산원, 《아파트 매매가격지수》, 2021

한국토지주택공사, 《공공임대주택 계획 패러다임 전환을 위한 국제심포지엄 자료집》,
　　　한국토지주택공사, 2020

홍새라, 《협동조합으로 집짓기》, 휴, 2015

황두진, 《무지개떡 건축》, 메디치미디어, 2015

Daniel Parolek, 《Missing Middle Housing》, Island press, 2020

KEB 하나은행 하나금융경영연구소, 《서울시 직장인의 출퇴근 트렌드 변화》, 2019

KOSIS, 《시도별 1인가구 비율》, 통계청, 2021

《nau magazine VOL1: Portland. City Scene of the Weird》, 로우프레스, 2017

신문, 방송, 잡지

"수도권 1인 가구 현황", 통계청 보도자료 2020년 12월 3일자

"도시형 주거: 다세대·다가구주택", 《건축문화》 2002년 11월호

"유통의 미래는 '동네' 로컬 크리에이터 키워야", 《매일경제》 2019년 4월 15일자

"2020 신년기획/빅샷 인터뷰: 라구람 라잔 시카고대 교수 '거세지는 포퓰리즘…
　　자본주의 부작용 해결 못한다'", 《매일경제》 2020년 1월 2일자

"3만 명 사는 송파 헬리오시티, 왜 자영업자 무덤이 됐나", 《머니투데이》 2020년 5월
　　1일자

"'남의 놀이터 오면 도둑' 아이들 신고한 입주자 대표 "잘못한 게 뭐 있다고… 사과할
　　생각 없다"", 《세계일보》 2021년 11월 11일자

"서울 도심에 '닭장 아파트'? 고밀개발 논란", 《이투데이》 2021년 2월 7일자

"SNS가 곧 간판이야, 간판없는 가게가 핫 플레이스로 뜨는 이유", 《인터비즈》 2020년
　　9월 29일자

"모종린의 로컬리즘: 해외여행 대신 2박3일 머물고 싶은 동네가 뜬다", 《조선일보》
　　2020년 4월 24일자

"모종린의 로컬리즘: 걷기 좋은 도시가 소상공인을 살린다", 《조선일보》 2020년 7월
　　17일자

"모종린의 로컬리즘: 나다움의 경제학", 《조선일보》 2020년 8월 28일자

"청담동 '이모작 포차' 전성시대, 낮엔 카센터, 밤엔 포장마차 '화려한 변신'", 《주간동아》
　　386호, 2003년 5월 22일자

"도쿄 빌딩 개발 때 '주택 10% 룰' 뉴욕 저가주택 공급 땐 용적률 올려줘", 《중앙일보》
　　2020년 2월 6일자

"삶의 향기: 용적률 게임", 《중앙일보》 2012년 8월 7일자

"핵심 요지에 예술적 디자인. 누구나 살고 싶어 하는 유럽의 '사회주택'",
　　《한경비즈니스》 2020년 10월 14일자

"열 중 여섯 1~2인 가구 주택시장 흔드는 '태풍의 눈'", 《헤럴드경제》 2020년 6월
　　11일자

KBS, 〈청년임대주택이 빈민아파트?…"부끄러운 줄 아세요"〉, 2018년 4월 6일 방송

SBS, 〈민주당 서울시장 후보는 박영선, "21분 도시 만든다"〉, 2021년 3월 2일 방송

MBC, 〈아파트 단지 빙 둘러 보안문…"외부인 출입금지" 논란〉, 2021년 12월 21일 방송

인터넷 사이트

구글지도 https://www.google.com/maps

국가법령정보센터 http://www.moleg.go.kr

국가통계포털 KOSIS http://kosis.kr

국립국어원 표준어대사전 https://stdict.korean.go.kr

국토교통부 국토지리정보원 https://www.ngii.go.kr

국토교통부 통계누리 https://stat.molit.go.kr

금융데이터거래소 https://www.findatamall.or.kr

네이버 부동산 https://land.naver.com

네이버 지도 https://map.naver.com

도쿄R부동산 https://www.realtokyoestate.co.jp

등촌 파밀리에 더 클래식 http://www.familie.kr/deunchon

사운즈 한남 https://m.facebook.com/sounds.hannam

생활SOC추진단 http://www.lifesoc.go.kr

서울 열린데이터 광장 https://data.seoul.go.kr

서울특별시 주차정보안내시스템 http://parking.seoul.go.kr

서울특별시 공동체주택 플랫폼 https://soco.seoul.go.kr

안암생활 https://www.ibookee.kr

젊은건축가상 홈페이지 http://www.youngarchitect.kr

정림건축문화재단 http://www.junglim.org

직방 https://zigbang.com

커먼타운 https://www.commontown.co/ko

토지e음 http://www.eum.go.kr

통계청 통계지리정보서비스 생활권역 통계지도 https://sgis.kostat.go.kr

파리시 15분 도시 https://annehidalgo2020.com

하우징쿱주택협동조합 https://m.facebook.com, https://cafe.daum.net/housecoop

한국부동산원 청약Home https://www.applyhome.co.kr

한국주택도시협동조합연합회 http://fk.or.kr .

e-나라지표 https://www.index.go.kr

LH 가로주택정비사업 사업성 분석 서비스 https://garohousing.lh.or.kr

3기 신도시 기본구상 및 입체적 도시공간계획 공모 https://lhurbandesign.org